Liebe Schülerin, lieber Schüler,

vor dir liegt das Arbeitsheft zu deinem Mathematik-Schulbuch. Anders als im Schulbuch darfst und sollst du im Arbeitsheft malen, zeichnen, schneiden, Skizzen anfertigen und vervollständigen und vieles andere mehr. Viele Tabellen und Skizzen haben wir für dich schon so weit vorbereitet, dass du ohne Mühe sofort mit der Bearbeitung der Aufgabe beginnen und Eintragungen vornehmen kannst. So kannst du die Inhalte aus dem Schulbuch auf vielfältige, abwechslungsreiche Weise bearbeiten. Das Arbeitsheft ist entsprechend zum Schulbuch in Abschnitte gegliedert, sodass du sofort erkennst, welche Übungen im Arbeitsheft zu den im Unterricht behandelten Themen passen.

Im Rand weisen wir mit Symbolen, die du auch schon aus dem Schulbuch kennst, auf einige Besonderheiten hin:

Diese Aufgabe sollst du zusammen mit einer Mitschülerin oder einem Mitschüler in Partnerarbeit bearbeiten.

In dieser Aufgabe geht es darum, Fehler zu finden.

In dieser Aufgabe geht es ein bisschen knifflig zu. Du musst vielleicht etwas länger und genauer nachdenken, bis du die richtige Idee hast.

An einigen Stellen findest du Seiten mit dem Titel „Bist du kompetent ...“ auf einem gelben Hintergrund. Hier werden ganz verschiedene Aufgaben zu dem angegebenen Thema zusammengestellt, mit denen du feststellen kannst, ob du die geforderten Kompetenzen schon erworben hast.

Einige Aufgaben beziehen sich auf den Bastelbogen in der Heftmitte. Zur Lösung benötigst du ein Hilfsmittel, das du aus dem Bastelbogen ausschneiden und manchmal auch zusammenbauen musst.

Wir wünschen dir viel Erfolg und Freude beim Bearbeiten der Aufgaben in diesem Arbeitsheft!

1.1 Aufstellen eines Terms mit Variablen

1. Ergänze die Zettel am Pinnbrett.

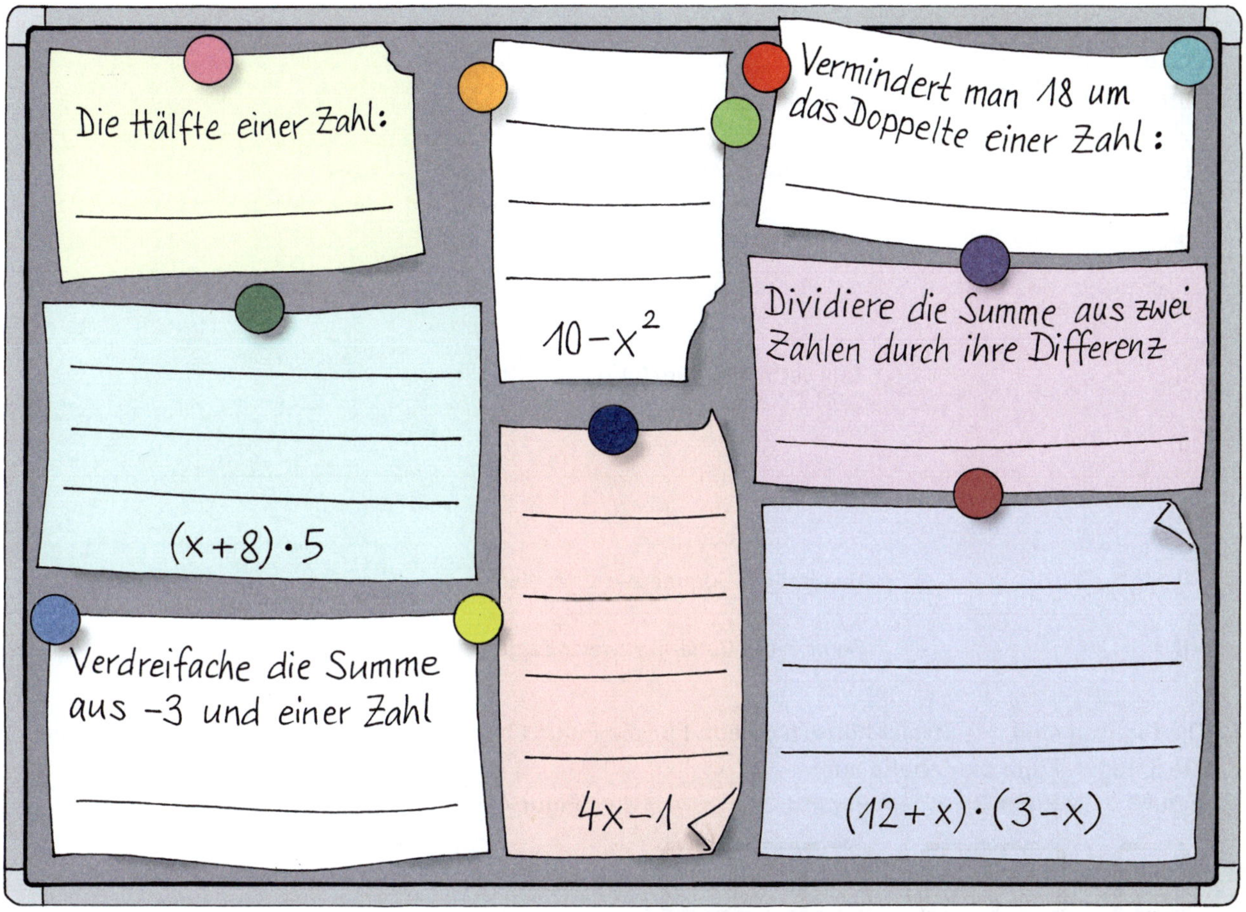

2. a) Markiere einen Term und den zugehörigen Sachverhalt jeweils mit der gleichen Farbe; gib auch an, wofür die Variablen stehen.

m: .... x: .... u: .... c: ....

t: .... a: .... b: .... s: ....

$4 - m$ $x - 2$ $4 \cdot u$ $c : 4$ $3 \cdot t + 2$ $a + 2$ $2 \cdot b$ $2{,}5 \cdot s + 3$

- In unserer Klasse sind zwei Jungen weniger als Mädchen.
- Emely wiegt doppelt so viel wie ihre kleinere Schwester.
- Pauls Schultasche wiegt heute 2 Kilogramm mehr als gestern.
- Preis für eine Taxifahrt: 3 € Grundgebühr und 2,50 € pro Kilometer.
- Samiras Vater ist viermal so alt wie sie.

b) Ergänze drei Sachverhalte für die übrig gebliebenen Terme in den leeren Rechtecken oben.

3. Vervollständige die Tabelle.

	Term	In Worten ausgedrückt
Beispiel	$a + b$	Summe zweier Zahlen
a)	$3 \cdot e$	
b)		Differenz zweier Zahlen
c)		Hälfte einer Zahl
d)	$3 \cdot e + 3 \cdot f$	
e)	e^2	
f)		Zahl vermindert um 0,1
g)		
h)	$e - 4 \cdot f$	
i)		Quadrat der Summe zweier Zahlen
j)		Summe der Quadrate zweier Zahlen

4. Die Figuren sind aus Streichhölzern gelegt. Für die Figur 1 benötigst du 4 Streichhölzer. Zeichne die 4. und die 5. Figur. Fülle die Tabelle aus.

Figur 1 Figur 2 Figur 3 Figur 4 Figur 5

Nummer der Figur: n	1	2	3	4	5	Term
Anzahl der Quadrate q_n	1					
Umfang der Figur u_n	4					
Anzahl der Streichhölzer s_n	4					

5. Markiere alle Malpunkte farbig, die du nicht weglassen darfst, ohne dass sich der Wert des Terms ändert.

a) $3 \cdot x \cdot a$
b) $4 \cdot y - 3 \cdot c$
c) $3 \cdot (7 \cdot c - 5 \cdot a)$
d) $3 \cdot 7 \cdot c - 5 \cdot 5 \cdot a$
e) $3 \cdot z - 2 \cdot a + 3 \cdot 2$
f) $x \cdot x \cdot x$
g) $4 \cdot y^3 \cdot c^2 \cdot c$
h) $3 \cdot \frac{1}{3} - \frac{4 \cdot y}{7}$

6. Kreuze an.

a) Jonas hat 5 Bücher weniger als Maria und Clara hat dreimal soviel Bücher wie Jonas. Nimm an, Maria besitzt n Bücher. Welcher Term gibt die Anzahl von Claras Büchern an?

☐ $5 - 3n$ ☐ $3n$ ☐ $n - 5$ ☐ $3n - 5$ ☐ $3(n - 5)$ ☐ $5(n - 3)$

b) Welche der angegebenen Ergebnisse für die Aufgabe $\frac{3a}{5} - \frac{a}{5}$ sind richtig?

☐ $\frac{2}{5}$ ☐ $\frac{3}{5}$ ☐ $2a$ ☐ $\frac{2a}{5}$ ☐ $\frac{3a^2}{25}$ ☐ $\frac{2}{5}a$

c) Für welche Zahl n ergibt der Term $n^2 - n + 5$ keine Primzahl?

☐ $n = 1$ ☐ $n = 2$ ☐ $n = 3$ ☐ $n = 4$ ☐ $n = 5$

7. Übersetze in einen Term und färbe dann alle zugehörigen Felder wie angegeben.
Tipp: Manche Terme musst du zuerst noch umformen.

$4 : n^2$	$2n + 1$	$2(n + 4)$	$4n - 2$	$2n + 4$	$4 : n^2$	$2n + 1$	$2(n + 4)$	$4n - 2$	$2n + 4$
$2-(n+4)$	$4 : n^2$	$\frac{n+2}{4}$	$2n + 4$	$\frac{n}{3}$	$2-(n+4)$	$4 : n^2$	$\frac{n+2}{4}$	$2n + 4$	$\frac{n}{3}$
$4n$	$4n^2$	$\frac{2}{n}$	$4n$	$4n^2$	$4n$	$4n^2$	$\frac{2}{n}$	$4n$	$4n^2$
$\frac{n+4}{2}$	n^3	$2(n + 4)$	$n-2$	$\frac{n}{2}$	$\frac{n+4}{2}$	n^3	$2(n + 4)$	$n - 2$	$\frac{n}{2}$
n^3	$2n + 1$	$\frac{n+2}{4}$	$4n - 2$	$n - 2$	n^3	$2n + 1$	$\frac{n+2}{4}$	$4n - 2$	$n - 2$
$4 : n^2$	$2n + 1$	$2(n + 4)$	$4n - 2$	$2n + 4$	$4 : n^2$	$2n + 1$	$2(n + 4)$	$4n - 2$	$2n + 4$
$2-(n+4)$	$4 : n^2$	$\frac{n+2}{4}$	$2n + 4$	$2-(n+4)$	$\frac{n}{3}$	$4 : n^2$	$\frac{n+2}{4}$	$2n + 4$	$2-(n+4)$
$4n$	$4n^2$	$\frac{2}{n}$	$4n$	$4n^2$	$4n$	$4n^2$	$\frac{2}{n}$	$4n$	$4n^2$
$\frac{n}{2}$	n^3	$2(n + 4)$	$n - 2$	$\frac{n+4}{2}$	$\frac{n}{2}$	n^3	$2(n + 4)$	$\frac{n}{3}$	$\frac{n+4}{2}$
n^3	$2n + 1$	$\frac{n+2}{4}$	$4n - 2$	$n - 2$	n^3	$2n + 1$	$\frac{n+2}{4}$	$4n - 2$	$n - 2$

4 mehr als das Doppelte einer Zahl: ____________________

Das Vierfache einer Zahl vermindert um 2: ____________________

Eine gerade Zahl vermehrt um ihren Nachfolger: ____________________

Das Quadrat aus dem Doppelten einer Zahl: ____________________

Das Doppelte des Kehrwerts einer Zahl: ____________________

Der Quotient aus einer Zahl und 2: ____________________

Eine Zahl vermindert um 2: ____________________

Die dritte Potenz einer Zahl: ____________________

Der dritte Teil einer Zahl: ____________________

4 geteilt durch das Quadrat einer Zahl: ____________________

Zweimal die Summe aus einer Zahl und 4: ____________________

Die Summe aus einer Zahl und 2 dividiert durch 4: ____________________

Das Produkt aus einer Zahl und 4: ____________________

Die Hälfte der Summe einer Zahl und 4: ____________________

Die Differenz aus 2 und der Summe aus einer Zahl und 4: ____________________

8. Bestimme für den Umfang der Buchstaben einen Term.

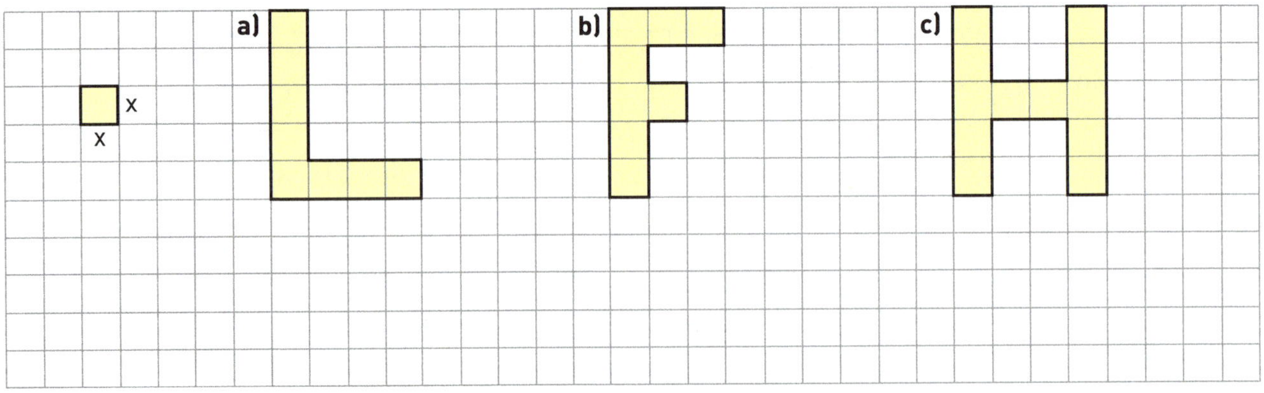

9. Berechne die fehlenden Werte in der Tabelle. Runde auf zwei Stellen nach dem Komma.

	x	y	z	$x - 2y + z^2$	$x^2 - \frac{1}{2}y$	$(x - y)^2 \cdot z$	$\frac{z}{y} - 4x$
a)	2	−6	4				
b)	−3	−4	2				
c)	−0,5	−2	−2				
d)	12	−7	−10				
e)	−2	−3	−4				

10. Vervollständige die Tabelle.

	Term	Wert der Variablen	Wert des Terms
a)	$6 \cdot x + x$	$x = 3{,}1$	
b)	$7 \cdot a + 11 \cdot b$	$a = 3{,}2$ und $b = \frac{1}{2}$	
c)	$(x + 5y) + x - y$	$x = 8$ und $y = 10$	
d)	$2 \cdot x - 6$		3
e)	$2 \cdot (5 - x)$		8
f)		$x = 1$	5
g)		$x = -2$	3

11. Beim Berechnen von Termen mit dem Taschenrechner sind Fehler passiert. Rechne zur Kontrolle im Kopf und korrigiere die Taschenrechner-Eingabe.

	Term	Einsetzung	Wert	Taschenrechner-Eingabe	korrigierte Taschenrechner-Eingabe
a)	$a : \frac{5}{2}$	10		10/2/5	
b)	$\frac{3 - a}{4}$	−2		3- -2/4	
c)	$\frac{8}{2 - a}$	4		8/2-4	
d)	$\frac{5 - a}{2a}$	2		5-2/2*2	

1.2 Aufbau eines Terms

12. Markiere die Rechenoperation farbig, die den Typ des Terms festlegt. Gib den Typ des Terms an.

	Term	Typ des Terms
a)	$2a + 3b$	Summe
b)	$2 \cdot (a + 3b)$	
c)	$\frac{2}{3}a^2 \cdot b$	
d)	$\frac{2a-3}{b}$	
e)	$(2a + b) : 3$	
f)	$\left(\frac{2}{3}ab\right)^2$	
g)	$2a \cdot (b : 3)$	

	Term	Typ des Terms
h)	$(2a - 3b)^2$	
i)	$2 \cdot (a + b) : 3$	
j)	$\frac{1}{2}a - \frac{b}{3}$	
k)	$2a + \frac{b}{3}$	
l)	$2 \cdot (a + 3b)$	
m)	$\frac{2^2}{3^2} \cdot a^2 \cdot b^2$	
n)	$2a - 3b$	

13. Durch das Einsetzen von Rechenzeichen sollen die Terme in genau zwei Produkte, zwei Summen, zwei Differenzen und zwei Quotienten verwandelt werden. Notiere jeweils den Typ des Terms daneben.

(−5) □ (6c □ 3) ....

6c □ (2x □ 8x) ....

(3b □ 12y) □ 5b ....

15 □ (4a □ 8a) ....

1 □ 5x · (2 □ 2a) ....

(14 □ 2x) · □ (2 □ x) ....

15 □ (23 □ 8x) ....

3y □ 4y² □ 6y ....

1.3 Addieren und Subtrahieren von Termen

14. Färbe Zettel mit wertgleichen Termen mit derselben Farbe.

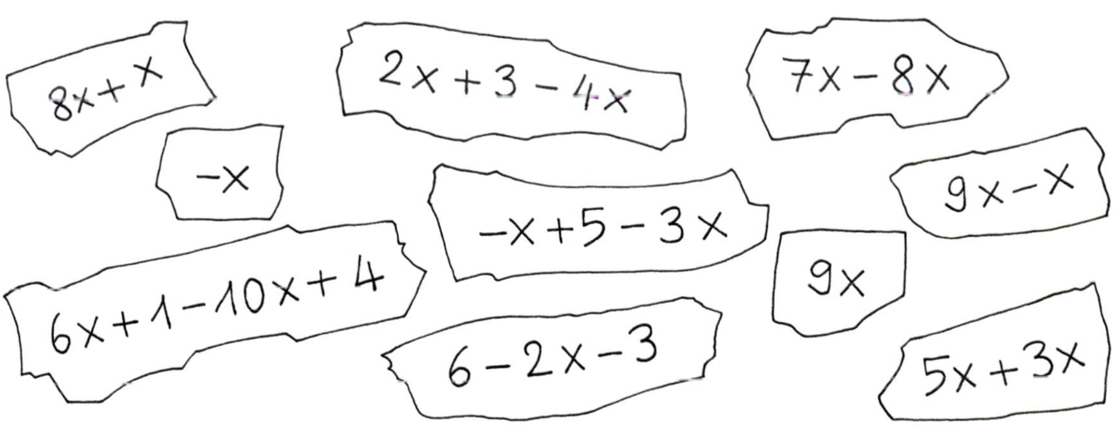

15. Stelle dir vor, du sollst einer Freundin das Addieren und Subtrahieren von Termen erklären.
Notiere für folgendes Beispiel, was du sagen würdest: $2a + 3b + 4b - a$

16. Terme am Zahlenstrahl

Die Variable x beschreibt eine Einheit auf dem Zahlenstrahl mit der Einheit 1 cm.

Es gilt: $y = 3x \qquad u = x + y \qquad v = \frac{u}{2}$

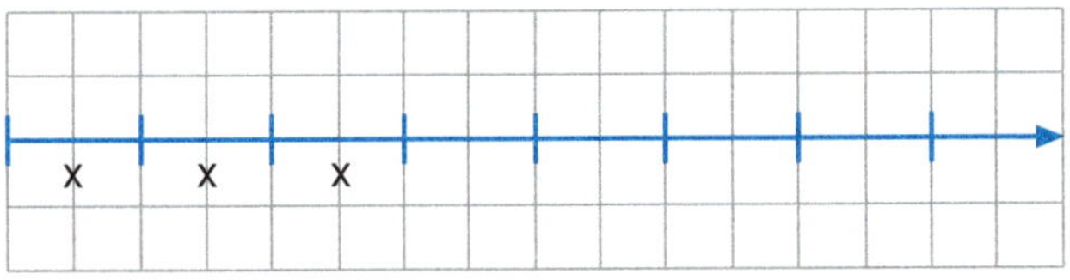

a) Die Länge der folgenden Strecken wird durch Terme angegeben. Prüfe diese Terme auf Richtigkeit. Korrigiere, falls nötig, und ergänze jeweils einen anderen Term zur Beschreibung der Streckenlänge.

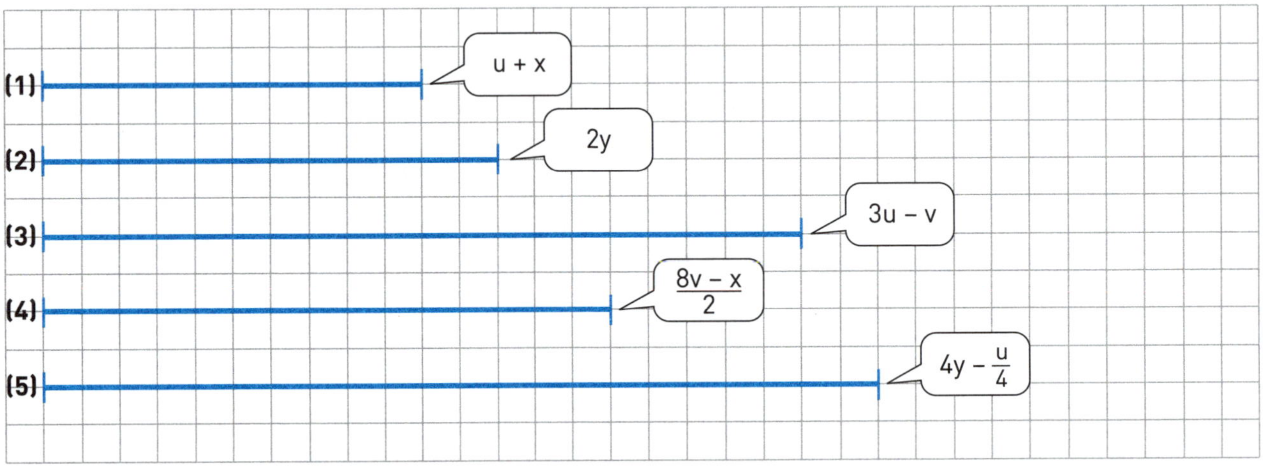

b) Zeichne Strecken, die zu folgenden Termen passen.

(1) $5u - 2v$ **(2)** $y + \frac{u}{8}$ **(3)** $\frac{y + u}{8}$ **(4)** $3v + \frac{y}{6}$ **(5)** $4v - u - y + \frac{14}{5}x$

17. Fülle diese Tabellen wie ein magisches Quadrat, d. h. die Summe in jeder Zeile, jeder Spalte und entlang jeder Diagonale muss gleich sein.

a)

x		
x – 3	x + 1	x + 5
		x + 2

b)

3y		–y + 4
	2y + 1	6y – 3
5y – 2		x + 2

18. Unterstreiche zunächst die Teilterme, die du zusammenfassen kannst, jeweils mit der gleichen Farbe, wie im Beispiel der Teilaufgabe a). Vereinfache dann die Terme.

a) $a + b - 2a + 3b - 4c + 4 - c =$

b) $3ab + 2a - 2b + 0{,}8ab - 2b + 2a - 12ab =$

c) $3r^2 + 3s + 10st + 4r - 3s^2 - 13ts =$

d) $5u - 9v + 9v - 5u + (5v - 9u) =$

e) $\frac{1}{2}x + \frac{3}{4}y - \frac{1}{3}z + 0{,}75x + 1{,}5y - \frac{3}{2}z =$

1.4 Multiplizieren und Dividieren von Termen

19. Auf den Luftballons sind Terme notiert. Färbe Luftballons mit wertgleichen Termen mit derselben Farbe.

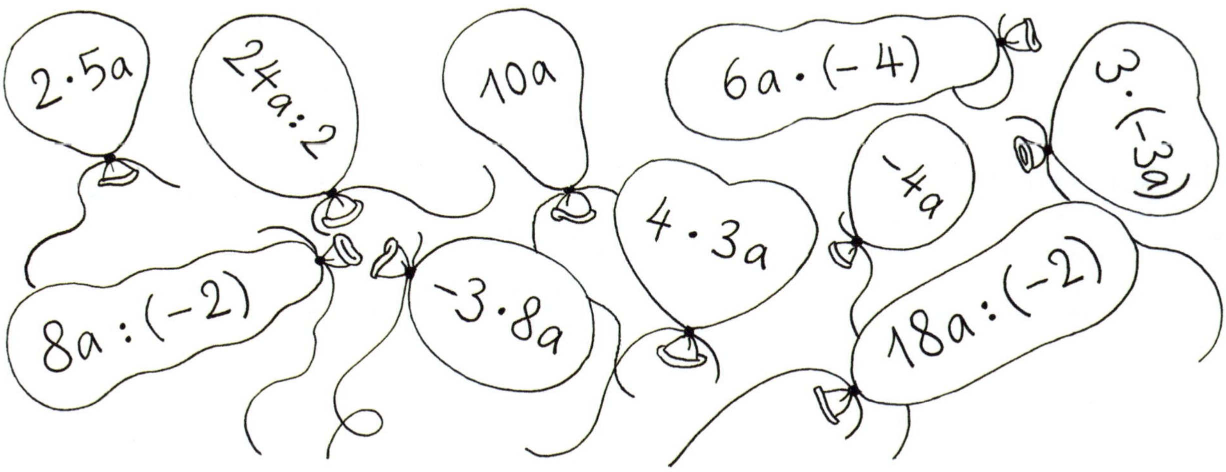

20. Vereinfache die Terme.

$5 \cdot 7a =$	$\frac{5}{8}x : \frac{1}{2} =$	$2x^3 : 4x =$ ....
$8x \cdot (-2y) =$	$-2 \cdot \frac{1}{3}a =$	$\frac{5}{4}a \cdot \frac{1}{2}a =$ ....
$(-4) \cdot (-3a) =$	$\frac{5}{3}r^2 \cdot \left(-\frac{1}{2}s\right) =$	$2a \cdot 2b \cdot (-8c) =$ ....
$4a^3 \cdot 3a^2 =$	$12r^4 \cdot r =$	$\left(\frac{4}{5}a\right)^2 =$ ....
$2x : 2 =$	$\frac{4}{3}a^2 : 3 =$	$z^3 : 4 =$ ....

21. Zerlege auf vier verschiedene Weisen in ein Produkt aus zwei Faktoren.

$45a^2b =$ .... = ... = ... = ...

$-6x^2y^3 =$ .... = ... = ... = ...

22. Ergänze.

a) $4xy \cdot$ .... $= 20x^2y$

b) .... $\cdot 5a = -15a^2b$

c) $-8r^2s^2 :$ .... $= 4r$

d) $4xy \cdot (3c) \cdot$ .... $= 108$............

23. Erstelle einen Term für den Flächeninhalt der Figur auf folgende Weisen:

a) Zerlegen in Rechtecke:

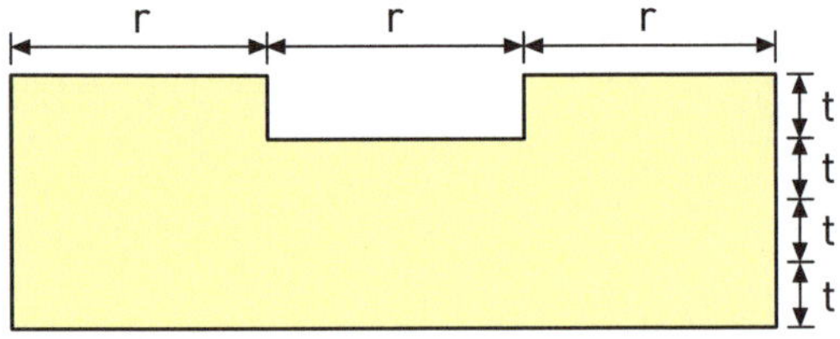

b) Ergänzen zu einem großen Rechteck:

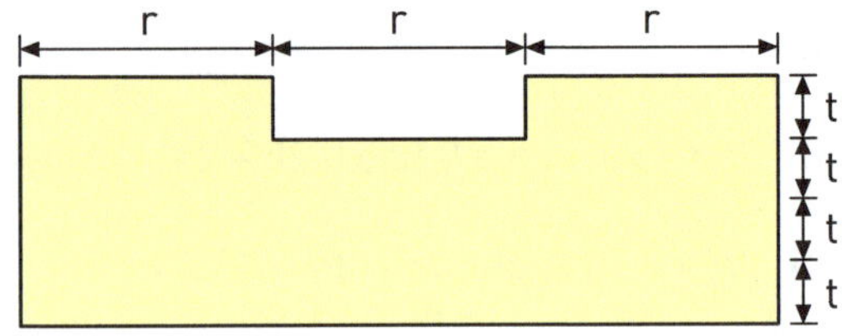

24. Erstelle einen Term für den Flächeninhalt der Figur rechts und vereinfache diesen so weit wie möglich.

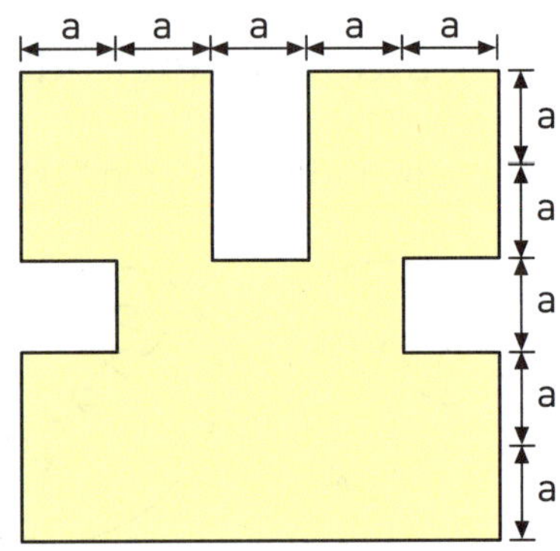

1.5 Auflösen einer Klammer

25. Löse die Klammer auf und veranschauliche das Ergebnis am Rechteck.

a) $3(x + 2y) =$

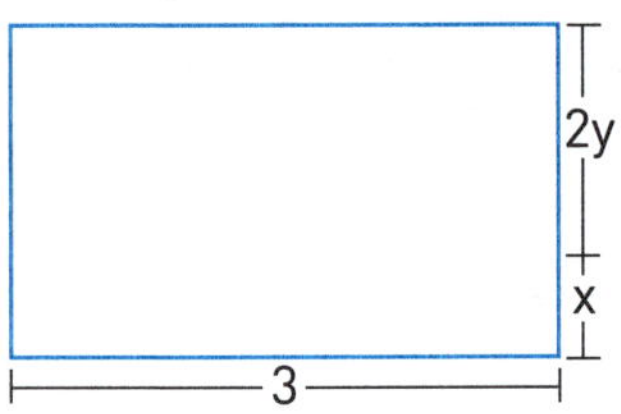

c) $4(3z - 1) =$

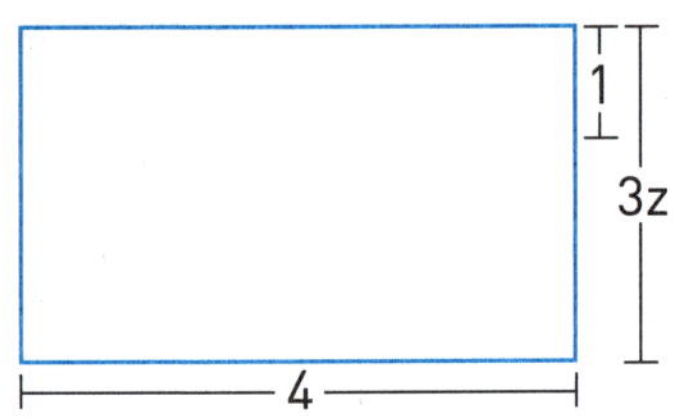

b) $2x(4y + 1) =$

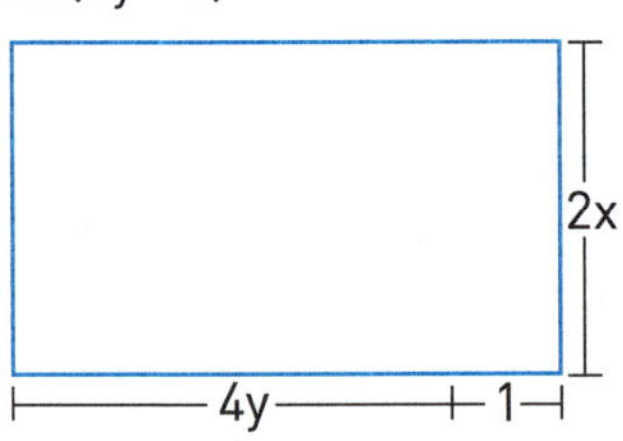

d) $2a(5y - x) =$

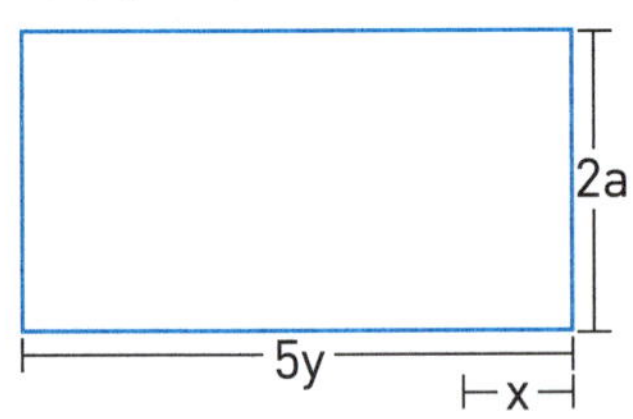

26. Verbinde wertgleiche Terme miteinander.

$2a(3b - 4)$	$(12b - 16a) : 2$	$(12a + 18) \cdot 3b$	$(15a + 12b) \cdot 3$	$10a \cdot (2b + 8)$

$6b - 8a$	$6b(6a + 9)$	$6ab - 8a$	$4(5ab + 20a)$	$(72b + 90a) : 2$

27. Ergänze.

a) $b \cdot ($ .... $+ 4y) = -4b +$ ....

b) .... $\cdot (x + 7) =$ .... $- 56$

c) $-1 \cdot ($ .... $) = -x + 2$

d) $4a \cdot (a + 12b - 5a) =$ ....

e) $\frac{a}{2} \cdot \left(\frac{a}{3} +\right.$ .... $\left.\right) = \frac{a^2}{6} + \frac{ab}{3}$

f) .... $\cdot (r + 0{,}2t -$ .... $) = -1{,}5r$ .... $+ 2{,}25$

g) $(4x + 8y) :$ .... $= 8x +$ ....

h) $3 \cdot (a - b) + 7 \cdot ($ .... $) = -4a + 11b + 35$

28. Tim hat eine Gleichung gelöst. Notiere hinter den Befehlsstrichen, wie er vorgegangen ist.

$$
\begin{aligned}
(-2)\cdot(7x-4)-x &= 6\cdot(-3x-1)+x \quad | \\
-14x+8-x &= -18x-6+x \quad | \\
-13x+8 &= -17x-6 \quad | \\
4x &= -14 \quad | \\
x &= -3{,}5
\end{aligned}
$$

1.6 Minuszeichen vor einer Klammer – Subtrahieren einer Klammer

29. Löse die Klammern auf und fasse, wenn möglich, zusammen.

a) $3a - (2a + 8) =$

b) $2b + (4x - 0{,}8b) =$

c) $27ca - (42bc - 5ac) =$

d) $38 + (-3x + 22) =$

e) $-4 \cdot (3y - 2) =$

f) $-(-2x + 3a) =$

g) $4f + (2x - 3y) - 4f - (3x + 5y) =$

h) $(3g + 3z) - (6g - 4z - 15) =$

i) $(3c + 2b - 5h) + 9h + (3c - 2b) =$

j) $(3{,}2 - 0{,}8i + 1{,}5y) - (-1{,}8y + 1{,}5i) =$

30. Hier fehlen Plus- und Minuszeichen. Ergänze so, dass die Umformung richtig ist.

a) $x \;\square\; (a + 2x) = -x - a$

b) $5m - (m \;\square\; s) = 4m - s$

c) $(x^2 \;\square\; y) \;\square\; (x^2 \;\square\; y) = 0$

d) $\square\; (a + 7) \;\square\; (4 \;\square\; a) = -11$

e) $-(4z \;\square\; 6p) - 2 \cdot (8p \;\square\; 3z) = \;\square\; 10 \cdot (p \;\square\; z)$

f) $\square\; 2 \cdot (-1{,}5a \;\square\; b) \;\square\; 1{,}5 \cdot (b + a) = 1{,}5a - 3{,}5b$

31. Ergänze Klammern so, dass die Termumformung richtig ist.

a) $4a - 5b - 6a - 7b = 10a - 12b$

b) $4a - 5b - 6a - 7b = 10a + 2b$

c) $4a - 5b - 6a - 7b = -2a - 12b$

d) $4a - 5b - 6a - 7b = -2a + 2b$

32. Der Minuend ist immer der linke Term, der Subtrahend immer der rechte Term. Vervollständige die Rechenmauer.

$-2x - y$				
$-x$	$x + y$	$-x - y$	$-x + y$	$-y$

33. Hier fehlen Plus- und Minuszeichen sowie Teile des Terms. Ergänze passend.

a) $5x - 6y$ ☐ (..............................) $= -x + y$

b) $7a + 6b - 3 = -6a -$ (............. ☐ .... ☐ ....)

c) $3 \cdot (a - 4) + 2 \cdot (a + 3) = 4 \cdot$ (..............................) ☐ 30

d) (..............................) $+ 3a$ ☐ $11 - a = 5a$ ☐ 5

1.7 Ausklammern

34. Markiere in den Termen farbig, welche Variable du als Faktor ausklammern kannst. Klammere dann aus.

a) $14b + ab =$

b) $-rs - rt =$

c) $s^2 - s =$

d) $17rs - r =$

e) $x^3 - xy^2 =$

f) $a^2b - zb^2 =$

g) $a^2b - va^2 =$

h) $u^3p^2 + up^3 - 12u^2p^4 =$

35. July und Anthony sollten so weit ausklammern, dass der Term in der Klammer möglichst einfach wird.

a) Ergänze ihre Wege.

b) Klammere in einem Schritt aus.

July
$6a - 2ab$
$= 2 \cdot (3a - ab)$
$=$

Anthony
$6a - 2ab$
$= a \cdot (6 - 2b)$
$=$

$6a - 2ab$
$=$

36. Klammere aus, sodass der Term in der Klammer möglichst einfach wird.

a) $8a^2b - 4ab =$

b) $-5x^2t - 5xy =$

c) $15uv - 5ut + 20t - 45\,v =$

37. Hier siehst du viele Fehler beim Ausklammern. Berichtige in der rechten Spalte.

a)	$4abc + 2a = 2a \cdot (bc)$	
b)	$9pq + 27pq^2 + 3p^2 = 9p \cdot (q + 2q^2 + p)$	
c)	$0{,}4x^2 + xy = 0{,}4x \cdot (x + y)$	
d)	$68a^2b - 17b^2 = 4b \cdot (17a - b)$	
e)	$0{,}5s - 1{,}5s^2 + s = 0{,}5s \cdot (-3s + 2)$	
f)	$-60xy - 48x^2z = -12x \cdot (-5y - 4xz)$	

38. Markiere wertgleiche Terme mit der gleichen Farbe.

- $9m^2 - 18mn + 36m$
- $32nm \cdot (1 - \frac{1}{2}nm - 2n)$
- $12n^2m \cdot (1 + 2m - \frac{1}{4})$
- $12n^2m + 24n^2m^2 - 3mn^2$
- $16 \cdot (2nm - n^2m^2 - 4n^2m)$
- $32nm - 16n^2m^2 - 64n^2m$
- $3m \cdot (3m - 6n + 12)$
- $-3 \cdot (-4n^2m - 8n^2m^2 + mn^2)$
- $9m \cdot (m - 2n + 4)$
- $16nm \cdot (2 - nm - 4n)$
- $9 \cdot (m^2 - 2mn + 4m)$
- $n^2 \cdot (12m + 24m^2 - 3m)$

1.8 Auflösen von zwei Klammern in einem Produkt

39. Multipliziere jede Zeile. Erläutere dann deinem Partner das Multiplizieren von Summen und Differenzen.

a)

5	$\cdot (d + 1)$	
c		
5 + c		

b)

10	$\cdot (a - 3)$	
b		
10 + b		

c)

c	$\cdot (a + b)$	
3		
c − 3		

d)

a	$\cdot (b - 3)$	
b		
a − b		

40. Löse die Klammern auf und verdeutliche das Ergebnis an der Figur darunter.

a) $(p + q)(r + s)$
=

b) $(a + 2)(b + 1)$
=

c) $(a + b)(a + c)$
=

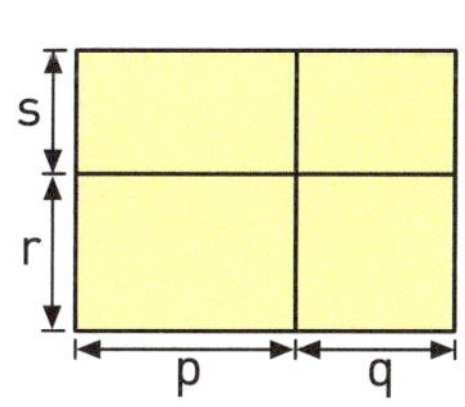

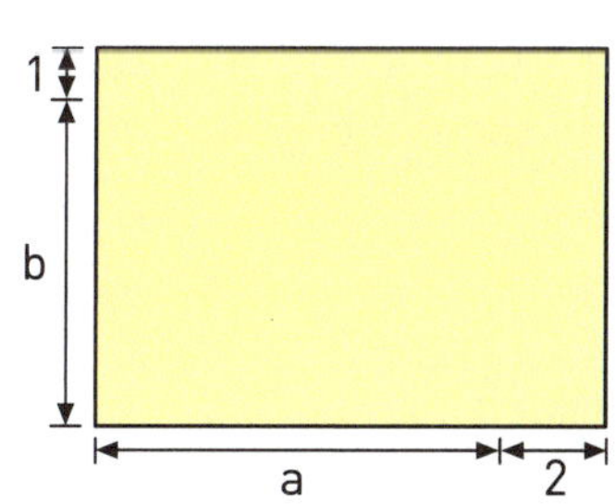

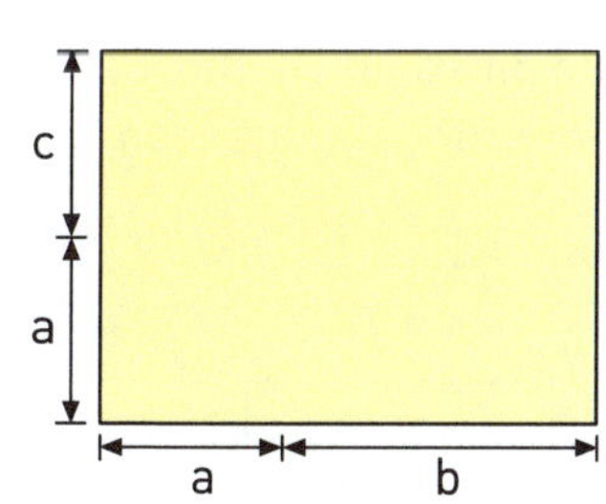

41. Entnimm dem ersten Stern das Prinzip. Vervollständige dann die übrigen.

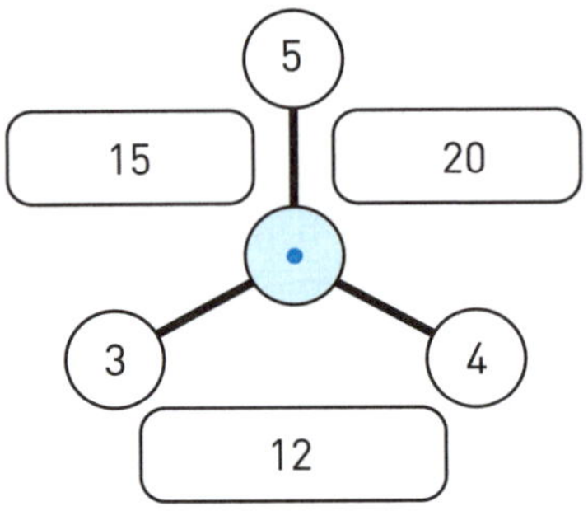

a)

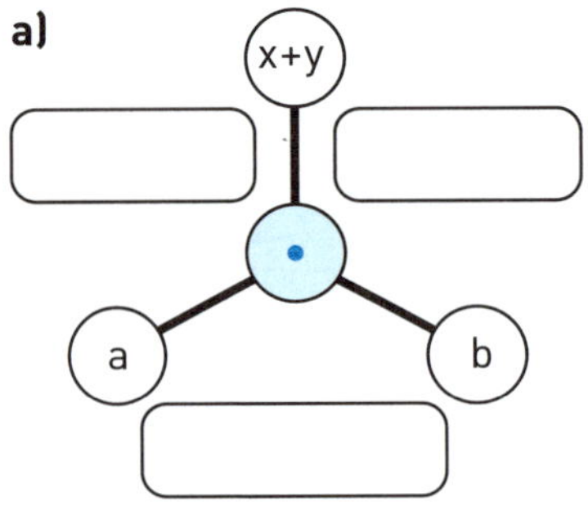

b)

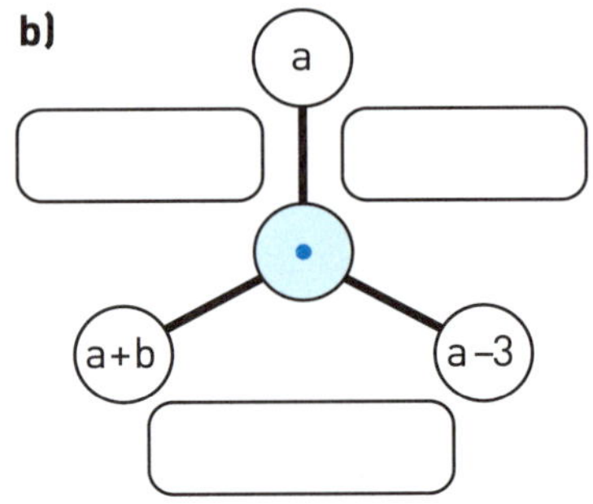

c)

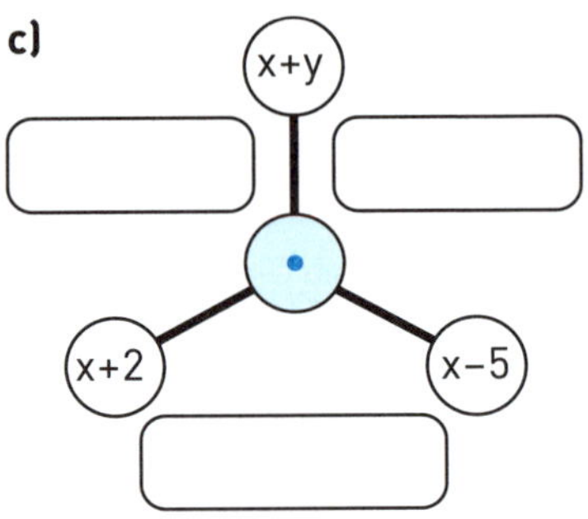

d)

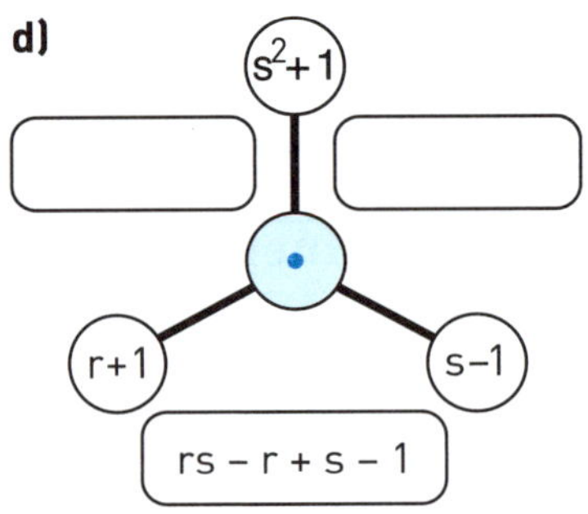

e)

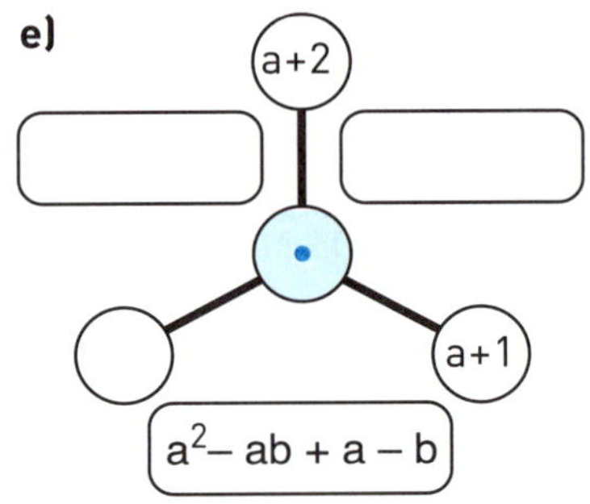

1.9 Binomische Formeln

42. Löse die Klammer auf und verdeutliche das Ergebnis an der Figur darunter.

a) $(2a + b)^2$ **b)** $(2a + 3b)^2$ **c)** $(2a - 1)^2$

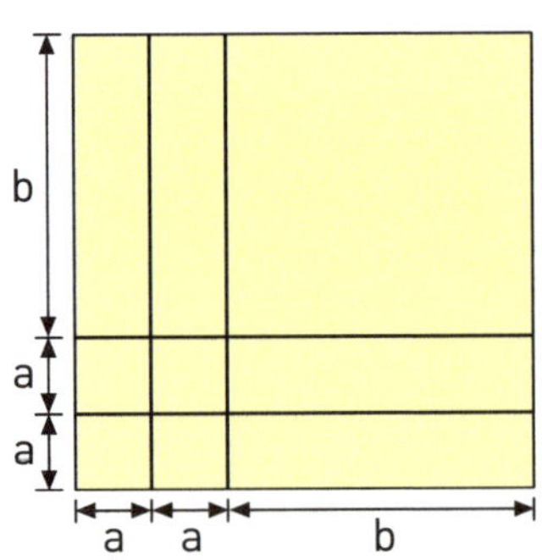

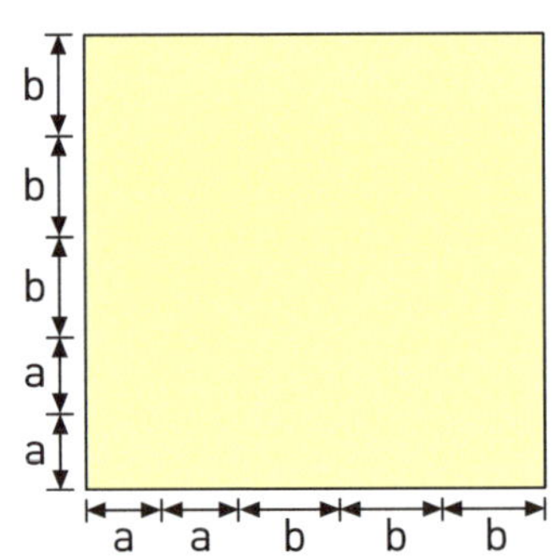

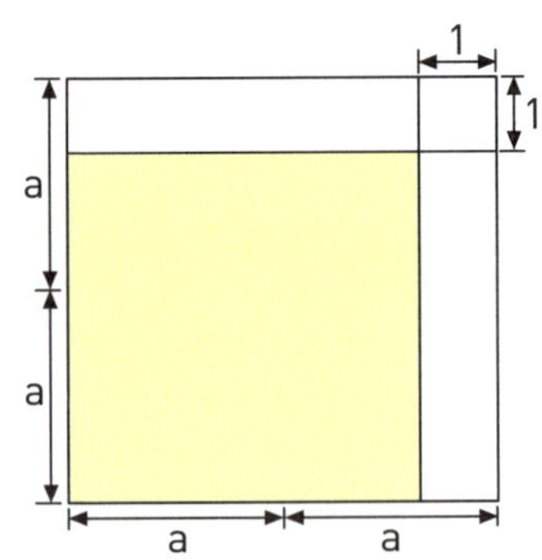

43. Stelle dir vor, du solltest einem Freund erklären, wie man Klammern mit binomischen Formeln auflöst. Notiere für die folgenden Terme, was du sagen würdest:

a) $(x + 3y)^2$

b) $(c - 4d) \cdot (c + 4d)$

44. Wende die binomischen Formel an und setze a und b in die vorgegebenen Terme ein. Schreibe jeweils in den richtigen Platzhalter und notiere das vereinfachte Ergebnis.

a) **(1)** $a = 3t \quad b = 2s$ **(2)** $a = 4x \quad b = 5y$ **(3)** $a = s^2 \quad b = 9t$

	$(a + b)^2 \qquad a^2 \qquad 2 \cdot a \cdot b \qquad b^2 \qquad a^2 + 2ab + b^2$
(1)	$(\quad + \quad)^2 = (\quad)^2 + 2 \cdot \quad \cdot \quad + (\quad)^2 =$
(2)	$(\quad + \quad)^2 = (\quad)^2 + 2 \cdot \quad \cdot \quad + (\quad)^2 =$
(3)	$(\quad + \quad)^2 = (\quad)^2 + 2 \cdot \quad \cdot \quad + (\quad)^2 =$

b) **(1)** $a = 2s \quad b = 3t$ **(2)** $a = 9r \quad b = 4s$ **(3)** $a = 11x^2 \quad b = 12y$

	$(a - b)^2 \qquad a^2 \qquad 2 \cdot a \cdot b \qquad b^2$
(1)	$(\quad - \quad)^2 = (\quad)^2 - 2 \cdot \quad \cdot \quad + (\quad)^2 =$
(2)	$(\quad - \quad)^2 = (\quad)^2 - 2 \cdot \quad \cdot \quad + (\quad)^2 =$
(3)	$(\quad - \quad)^2 = (\quad)^2 - 2 \cdot \quad \cdot \quad + (\quad)^2 =$

c) **(1)** $a = 3x \quad b = 2y$ **(2)** $a = 4x \quad b = 7y$ **(3)** $a = x^2 \quad b = 7y$

	$(a + b) \qquad (a - b) \qquad a^2 \qquad b^2$
(1)	$(\quad + \quad) \cdot (\quad - \quad) = (\quad)^2 - (\quad)^2 =$
(2)	$(\quad + \quad) \cdot (\quad - \quad) = (\quad)^2 - (\quad)^2 =$
(3)	$(\quad + \quad) \cdot (\quad - \quad) = (\quad)^2 - (\quad)^2 =$

45. Markiere falsche Umformungen und berichtige in der rechten Spalte die Fehler.

	Umformung	Berichtigung
a)	$(a + b)^2 = a^2 + b^2$	
b)	$(a \cdot b)^2 = a^2 \cdot b^2$	
c)	$(x - y)^2 = x^2 - y^2$	
d)	$(x - y)^2 = (x - y) \cdot (x - y)$	
e)	$(x + y) \cdot (x - y) = x^2 - y^2$	
f)	$(x - y)^2 = x^2 - 2xy - y^2$	

46. Finde Paare von Termen, die sich mithilfe der binomischen Formeln ineinander umformen lassen. Markiere mit derselben Farbe.

$225a^2 - 60ab + 4b^2$	$(25x - 11y)(25x + 11y)$	$(x - 20y)^2$	$(u - v)(u + v)$	$9a^2 + 2ab + \frac{1}{9}b^2$
$25x^2 - 121y^2$	$(30s - 1,5t)^2$	$2,25a^2 - 1,44b^2$	$\left(3b + \frac{1}{3}\right)^2$	$(5x - 11y)(5x + 11y)$
$9b^2 + 2b + \frac{1}{9}$	$(15a - 2b)^2$	$\left(3a + \frac{1}{3}b\right)^2$	$(25a - b)^2$	$400x^2 - 40xy + y^2$
$(u - v)(u - v)$	$(1,5a^2 - 12b)(1,5a^2 + 12b)$	$(20x - y)^2$	$\left(3b + \frac{1}{3}a\right)^2$	$\left(9b + \frac{1}{3}\right)^2$
$u^2 - v^2$	$(1,5a - 1,2b)(1,5a + 1,2b)$	$(30s + 1,5t)^2$	$(m^2n^2 - n)^2$	$900s^2 - 90st + 2,25t^2$
$(m^2n - n)^2$	$(4r - 8)(4r + 8)$	$16r^2 - 64$	$(8r - 8)(8r + 8)$	$m^4n^2 - 2m^2n^2 + n^2$

1.10 Faktorisieren einer Summe

47. Wurde richtig umgeformt? Korrigiere gegebenenfalls die rechte oder die linke Seite der Gleichung.

	Umformung	w	f	Korrektur
a)	$a^2 + 4as + s^2 = (a + s)^2$			
b)	$9y^2 + 25x^2 - 30yx = (3y - 5x)^2$			
c)	$x \cdot (x + y) - y \cdot (x + y) = (x - y)(x + y)$			
d)	$w^2 - 18wt + 9t^2 = (w - 3t)^2$			
e)	$(4u - 5v)^2 = 16u^2 - 25v^2$			
f)	$3k^2 + 3 - 3l^2 = 3 \cdot (k + l)(k - l)$			

48. Ordne jeder Summe das richtige Produkt durch das Einzeichnen von Pfeilen zu.

$4x^2 + 8xy + 4y^2$	$x^2 - 4xy + 4y^2$	$4x^2 + 4xy + y^2$	$4x^2 - 8xy + 4y^2$	$4x^2 - 4y^2$

$(x - 2y)^2$	$(2x - 2y)^2$	$(2x + 2y)^2$	$(2x + 2y) \cdot (2x - 2y)$	$(2x + y)^2$

49. Wandle mithilfe der binomischen Formeln in ein Produkt um. Du kannst auch ausmultiplizieren.

a) $16r^2 - 64rs + 64s^2 =$ ....

b) $\frac{49}{100}x^2 - \frac{64}{81}y^2 =$ ....

c) $8r^2 - 16rs + 8s^2 =$ ....

d) $27a^2 - 48b^2 =$ ....

e) $a^2 + 10ab + 25b^2 =$ ....

f) $y^2 - 26yz + 169z^2 =$ ....

50. Fülle die Lücken aus.

a) $a^2 -$ .... $+ 4b^2 = ($.......... $-$ ....$)^2$

b) $36x^2 + 6xy +$ .... $= (6x +$ ....$)^2$

c) $16x^2 -$ .... $+ 9y^2 = ($.......... $-$ ....$)^2$

d) .... $+$ .... $+ 25 = \left(\frac{4}{5}a +\right.$ ....$\left.\right)^2$

e) $1,44n^2 -$ .... $+$ .... $= ($.......... $- 1,5)^2$

f) .... $+ 5v +$ .... $= (0,1v +$ ....$)^2$

51. Fülle die Lücken aus.

a) $4a^2 + 12ab + \underline{\qquad\qquad} = (\qquad)\cdot(\qquad) = (\qquad)^2$

b) $25x^2 + 60xy + \underline{\qquad\qquad} = (\qquad)\cdot(\qquad) = (\qquad)^2$

c) $\underline{\qquad\qquad} - 38ab + 361b^2 = (\qquad)\cdot(\qquad) = (\qquad)^2$

d) $\underline{\qquad\qquad} - 2ab + \frac{4}{9}b^2 = (\qquad)\cdot(\qquad) = (\qquad)^2$

e) $121a^2 + \underline{\qquad\qquad} + \frac{1}{4}b^2 = (\qquad)\cdot(\qquad) = (\qquad)^2$

f) $144 + \underline{\qquad\qquad} + 0{,}25c^2 = (\qquad)\cdot(\qquad) = (\qquad)^2$

g) $36x^2 - 49y^2 = (\qquad)\cdot(\qquad)$

h) $0{,}09x^4 - \frac{25}{16}y^4 = (\qquad)\cdot(\qquad)$

1.11 Mischungsaufgaben

52. Eine Firma möchte 2000 ℓ 80 %igen Traubennektars mit so viel 30 %igem Traubenfruchtsaftgetränk mischen, dass das Gemisch gerade noch als Traubennektar verkauft werden darf.
Berechne mithilfe der Tabelle und einer Gleichung, wie viel Traubenfruchtsaftgetränk zugegeben werden darf.

Gesetzlich ist vorgeschrieben, dass Traubensaft zu 100 % aus Traubensaft bestehen muss, Traubennektar zu mindestens 50 % und Traubenfruchtsaftgetränk zu mindestens 30 %. Der Rest ist gezuckertes Wasser.

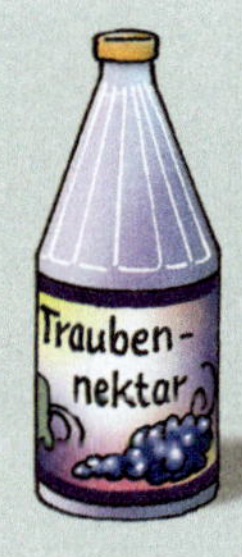

	Menge (in ℓ)	Fruchtsaftgehalt (in %)	Enthaltener Fruchtsaft (in ℓ)
Vorhandener Traubennektar			
Traubenfruchtsaftgetränk			
Gemischter Traubennektar			

Gleichung:

1.12 Formeln – Gleichungen mit Parametern

1.12.1 Umformen von Formeln

53. Hannah sollte die Formel $a = \frac{b-c}{d}$ jeweils nach den Variablen b, c und d umstellen.
Hier siehst du ihre Umstellungsschritte. Alles richtig? Ergänze die Umformungsschritte nach den Befehlsstrichen.

a) Umstellen nach b	**b)** Umstellen nach d	**c)** Umstellen nach c
$a = \frac{b-c}{d}$ |	$a = \frac{b-c}{d}$ |	$a = \frac{b-c}{d}$ |
$a \cdot d = b - c$ |	$a \cdot d = b - c$ |	$a \cdot d = b - c$ |
$a \cdot d + c = b$	$d = \frac{b-c}{a}$	$d = b - a \cdot d$

54. Die folgenden Formeln kennst du vielleicht schon aus dem Physikunterricht.
Welchem physikalischen Sachverhalt kannst du die Formel zuordnen?
Stelle sie jeweils nach den gesuchten Variablen um.

	Formel	physikalischer Sachverhalt	Isoliere nach Variable...
a)	$v = \frac{s}{t}$		$t =$ $s =$
b)	$F_1 \cdot l_1 = F_2 \cdot l_2$		$F_1 =$ $l_1 =$ $F_2 =$ $l_2 =$

1.12.2 Lösen von Gleichungen mit Parametern

55. a) Bestimme die Lösungsmenge der folgenden Gleichungen

(1) $x\,(x + 1) = (x + 1)^2$ **(2)** $x\,(x + 2) = (x + 2)^2$ **(3)** $x\,(x + 3) = (x + 3)^2$

b) Alle Gleichungen aus Teilaufgabe a) haben eine bestimmte Gestalt. Formuliere diese in Form einer Gleichung mit Parametern. Äußere dann eine Vermutung für deren Lösungsmenge und überprüfe deine Vermutung durch Rechnung.

1.13 Gleichungen vom Typ $T_1 \cdot T_2 = 0$

56. Ordne jeder Gleichung ihre Lösungsmenge mit einem Pfeil zu. Fülle die Lücken aus.

$(x - 2)(x +$ ______ $) = 0$ | $(x + 2{,}5)(x +$ ______ $) = 0$ | $x^2 - 7x = 0$ | $(3x + 2)(2 - 3x) = 0$

$\{-2; 9\}$ | $\{0; 7\}$ | $\{2; -9\}$ | $\left\{-\frac{2}{3}; \frac{2}{3}\right\}$ | $\{-2{,}5; 8\}$ | $\{2{,}5; -8\}$ | $\{7; -7\}$

$(x +$ ______ $)(x - 9) = 0$ | $49 - x^2 = 0$ | $(-2{,}5 + x)(x +$ ______ $) = 0$ | $(3x - 2)(3x + 2) = 0$

57. Denke dir mindestens drei Gleichungen aus, bei denen die Lösungsmenge $L = \{-2; 1\}$ ist. Kontrolliere auch.

1. Gleichung: .... Kontrolle:

2. Gleichung: .... Kontrolle:

3. Gleichung: .... Kontrolle:

1.14 Lösen von Ungleichungen

58. Markiere die angegebenen Lösungsmengen auf den Zahlengeraden.

a) $L = \{x \in \mathbb{Q} \mid x < 2\}$

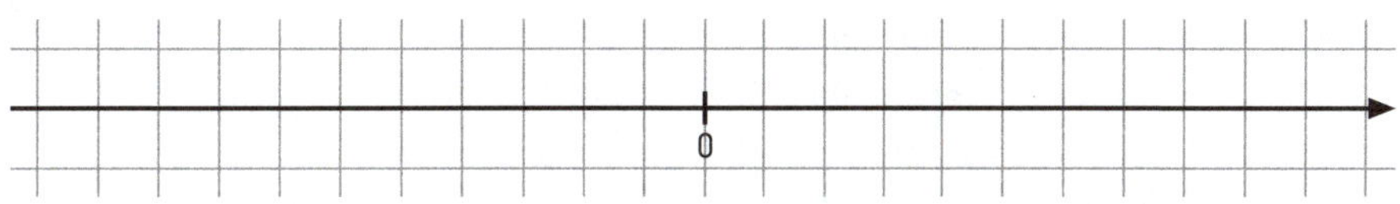

b) $L = \{x \in \mathbb{Q} \mid x > -1{,}5\}$

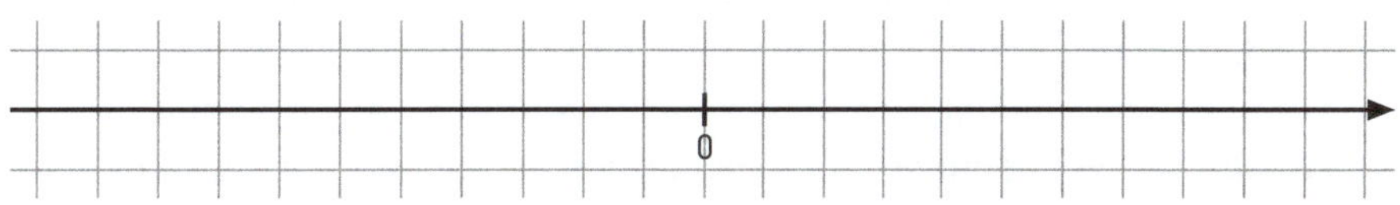

c) $L = \{x \in \mathbb{Q} \mid x \geq 1\}$

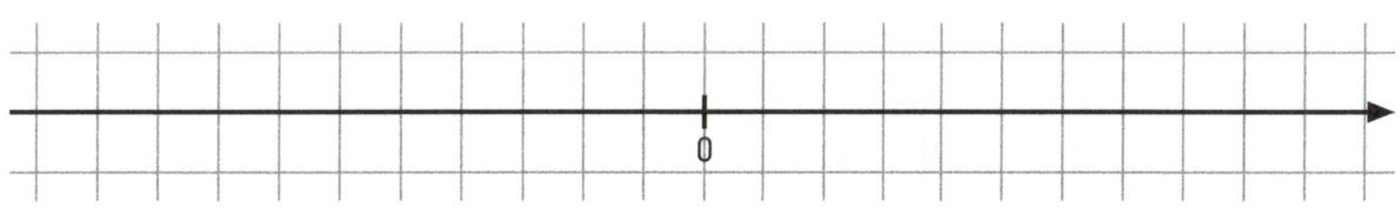

d) $L = \{x \in \mathbb{Q} \mid x \leq -3{,}5\}$

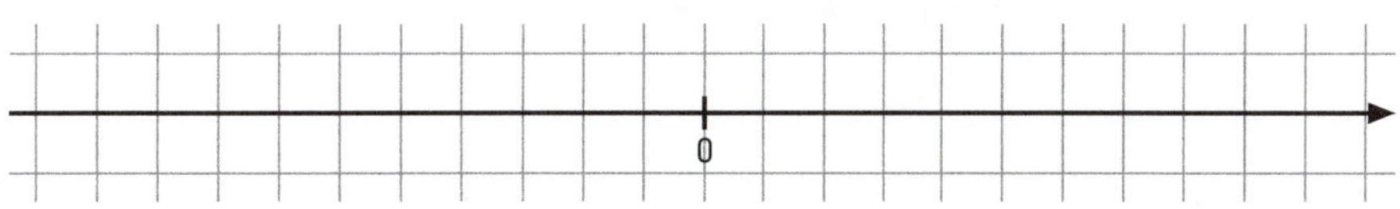

59. Löse die Ungleichung $3x + 2 > -4$. Veranschauliche dein Vorgehen auch an der Zahlengeraden.

Bist du kompetent im Umgang mit Termen Aufstellen und Umformen?

60. Die folgenden Mengen bestehen aus natürlichen Zahlen. Finde heraus, nach welcher Gesetzmäßigkeit diese ausgewählt sind und ergänze die drei folgenden Zahlen. Finde einen Term, mit dem man jede beliebige Zahl der Menge angeben kann, wenn man natürliche Zahlen n ⩾ 1 einsetzt.

Beispiel: {2; 4; 6; 8; 10; 12; 14; 16; 18...} Term: $2 \cdot n$

a) {3; 5; 7; 9; 11; ....} Term: ....

b) {1; 4; 9; 16; 25; ....} Term: ....

c) {2; 8; 18; 32; 50; ....} Term: ....

d) {3; 12; 27; 48; 75; ....} Term: ....

e) {4; 8; 12; 16; 20; ....} Term: ....

f) {6; 10; 14; 18; 22; ....} Term: ....

61. Termwürfelspiel

Anzahl der Mitspieler: 2

Material: für jeden Spieler zwei verschiedenfarbige Würfel

Spielanleitung:

Der jüngere Spieler beginnt. Er wirft beide Würfel. Eine Zahl ist der Nenner, die andere Zahl der Zähler eines Bruches. Legt vorher gemeinsam fest, welcher Würfel die Zahl im Nenner, welcher die Zahl im Zähler angibt.

Ihr würfelt immer den Bruch für den Gegenspieler. Der muss diesen Bruch in seinem Arbeitsheft in die Zeile unter a notieren und würfelt einen Bruch für dich, den du in deine Tabelle in deinem Arbeitsheft schreibst. Jeder berechnet den Wert des Terms, wenn ihr für a den jeweils gewürfelten Bruch einsetzt, und notiert das Resultat in der Ergebniszeile.

Würfelt abwechselnd so lange, bis die Tabelle ausgefüllt ist. Bildet die Summe der Ergebnisse.

Der Spieler mit dem niedrigste Ergebnis gewinnt.

a)

a									Summe der Ergebnisse:
Term	$3 \cdot a$	$3 : a$	$a + a$	$5 \cdot a + 1$	a^2	$4 \cdot (a - 0{,}5)$	$4 \cdot a - 0{,}5$	$(a - 1) : (a + 1)$	
Ergebnis									

b) Gleiches Spiel, aber jetzt sind die beiden gewürfelten Zahlen die Einer- und die Zehntelstelle des Dezimalbruchs a. Würfelt ein zweites Mal und tragt diese Zahl unter b ein.

a									Summe der Ergebnisse:
b									
Term	$100 \cdot a$	$b : 10$	$a + b$	$0{,}1 \cdot a + 5$	$a \cdot b$	$(a - b) : 0{,}01$	$\frac{1}{b}$	$a \cdot 10 - b : 10$	
Ergebnis									

2.1 Funktionen als eindeutige Zuordnungen

1. Marie und Jacob verbringen einen Ferientag im Freizeitpark. Am Eingang sehen sie das Schild mit den Eintrittspreisen.
Welches der folgenden Diagramme stellt den Sachverhalt richtig dar? ....

Eintrittspreise	
Kinder bis 1,20 Meter	frei
1,21 Meter bis 1,40 Meter	12,00 €
1,41 Meter bis 1,50 Meter	13,00 €
1,51 Meter bis 1,60 Meter	14,00 €
1,61 Meter bis 1,70 Meter	15,00 €
Personen über 1,70 Meter	16,00 €

(1)
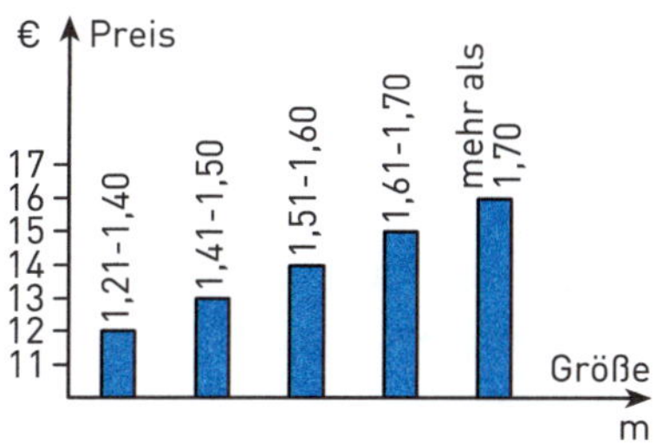

(2)
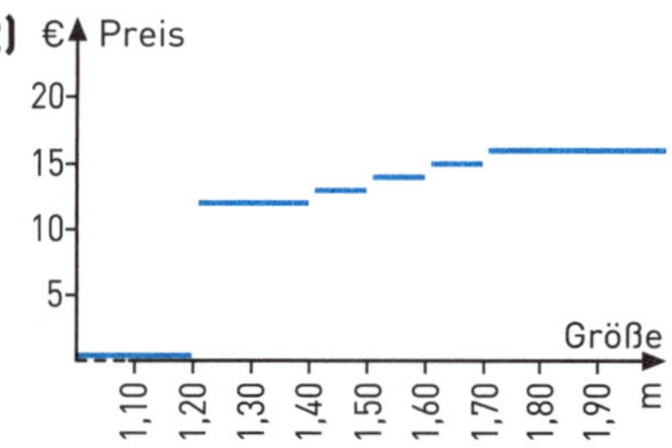

(3)
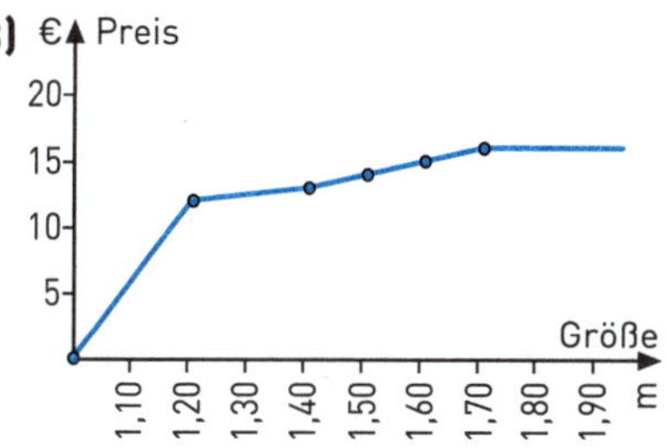

2. Jacob beginnt auf einer Schaukel zu schaukeln und versucht, so hoch wie möglich zu schaukeln. Welcher Graph beschreibt die Höhe des Schaukelsitzes über dem Boden am besten? Kreuze an.

A
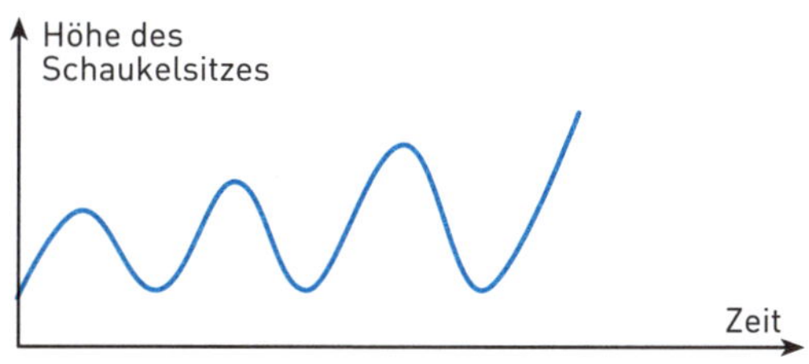

C
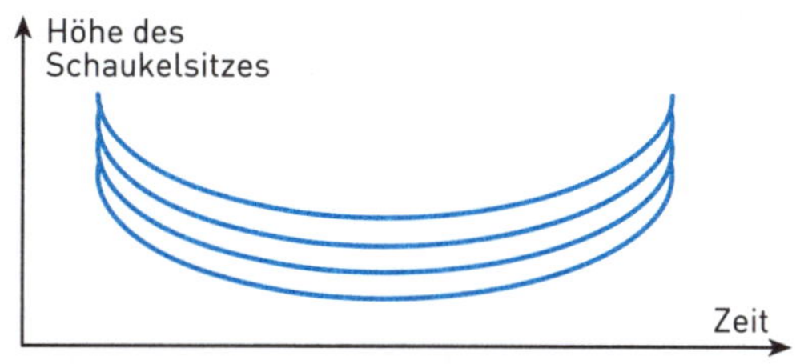

B
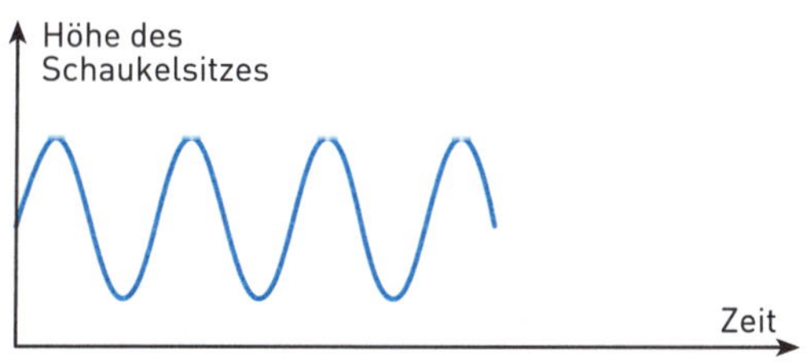

D
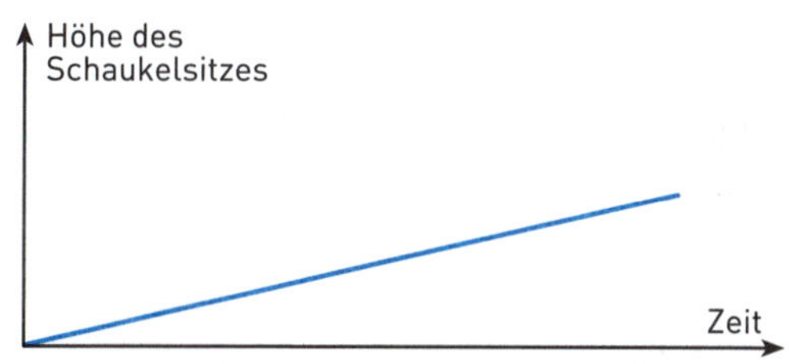

3. In vielen Museen, Arztpraxen etc. gibt es Wasserspender, die Wasser kostenlos bereitstellen. Die nebenstehende Abbildung zeigt die Form eines solchen Wasserbehälters.
Betrachte den Füllvorgang: Zu Beginn ist der Tank leer. Dann wird gleichmäßig Wasser eingefüllt.
Welcher der folgenden Graphen zeigt, wie sich die Höhe des Wasserspiegels mit der Zeit ändert? Begründe.

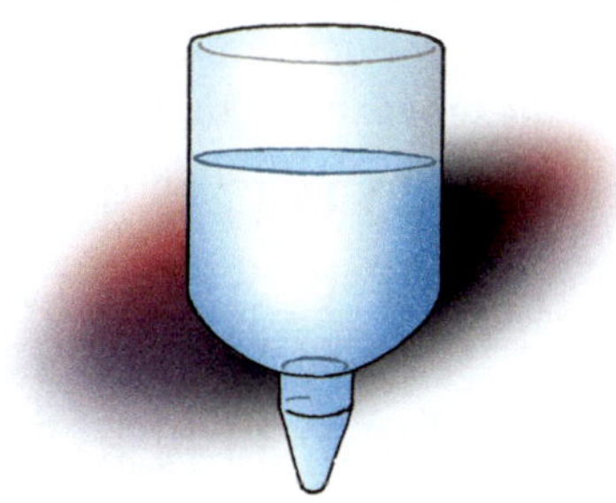

....

....

....

(1)
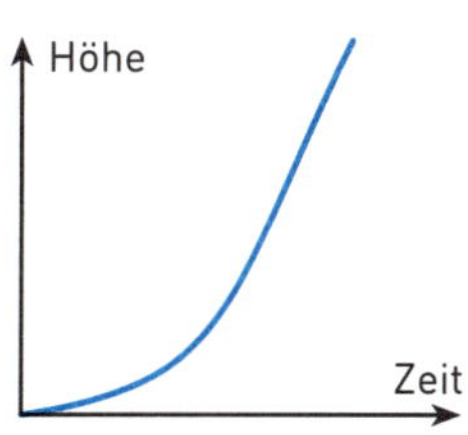

(2)
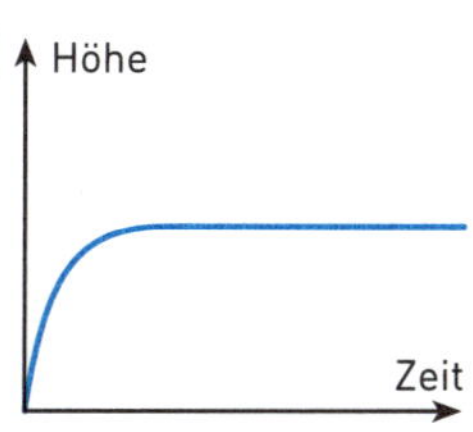

(3)
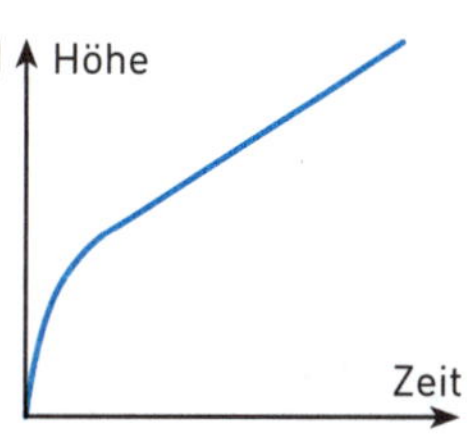

(4)
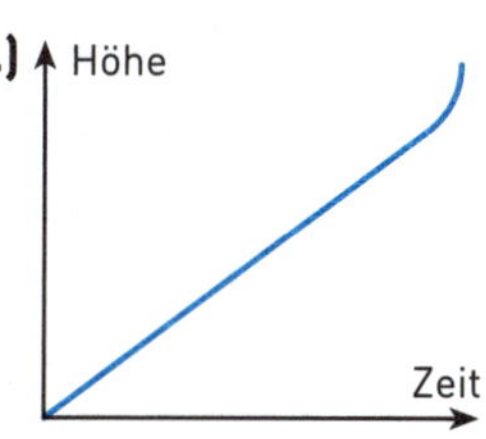

4. Marie und Jacob wippen.
Der Graph stellt dar, welche Höhe Maries Füße über dem Boden haben.

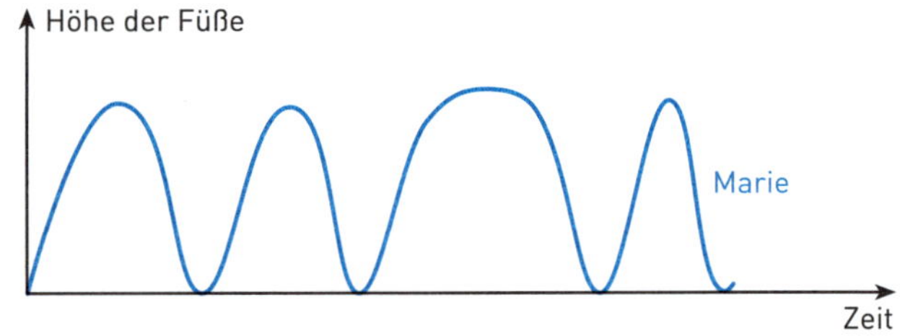

a) Erkläre den Verlauf. ....

....

....

....

....

b) Zeichne auch den Graphen für die Höhe von Jacobs Füßen über dem Boden ein.

5. Abends besuchen Marie und Jacob noch ein restlos ausverkauftes Konzert. Die Fans stehen dicht gedrängt auf dem 100 m × 50 m großen Platz. Marie und Jacob versuchen die Besucherzahl zu schätzen. Welche Schätzung kommt der tatsächlichen Anzahl am nächsten? Begründe.

☐ 2 000 ☐ 5 000 ☐ 20 000 ☐ 50 000 ☐ 100 000

....

....

....

6. Für die Versorgung des Freizeitparks mit Wasser (Trink- und Nutzwasser) gibt es ein eigenes kleines Wasserwerk. Der Wasserverbrauch während des Konzerts wurde aufgezeichnet. Lies ab.

a) Wann begann die Pause? ....

b) Wie lange dauerte die Pause? ....

c) Wann endete das Konzert? ....

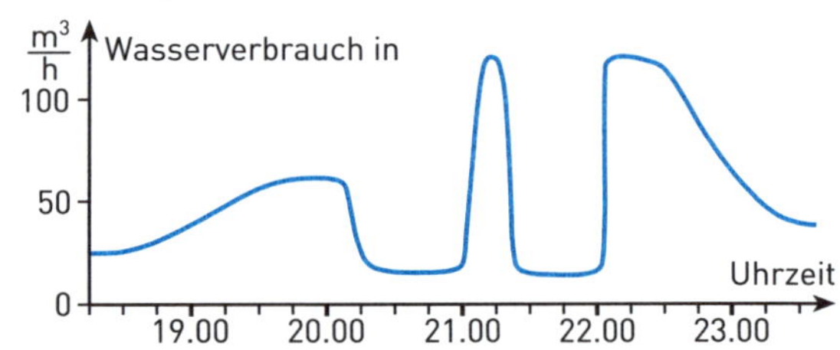

7. In dem Buchstabenpuzzle sind viele mathematische Begriffe zum Thema Funktionen versteckt. Suche diese waagerecht, senkrecht, vorwärts, rückwärts und diagonal. Markiere und notiere sie.

PRODUKTGLEICHD
ARTUSPIORSMUGA
ISONROATIHVSLI
NKTPUNKTMCHSEN
EEMAOSIGRAPHIM
DHINRRASTOMYCU
ARFUNKTIONDPHE
RWAGOPNIQUFEUR
EERBSCLYOMIRNU
GRJWKUTEKNRBGP
STEIGUNGIOAESM
ASIUNULLSTELLE

8. Welche der dargestellten Zuordnungen sind Funktionen? Begründe.

	Graph	Liegt eine Funktion vor?	Begründung	Definitions-menge
(1)	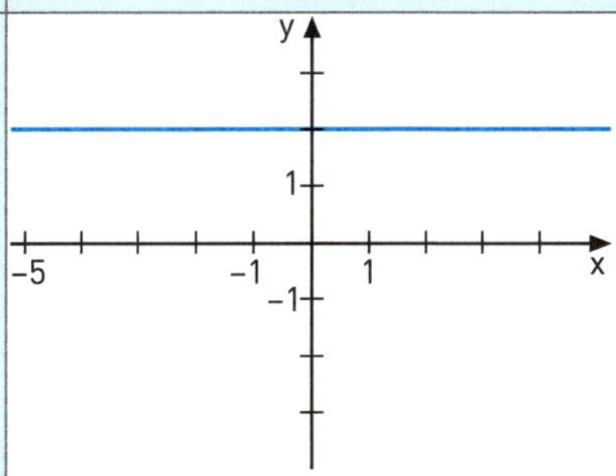			
(2)	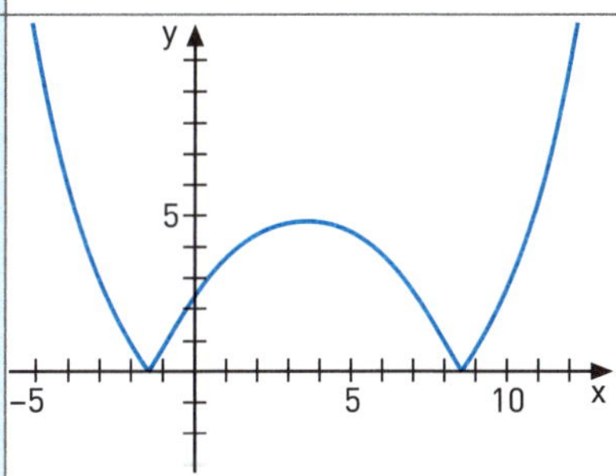			
(3)	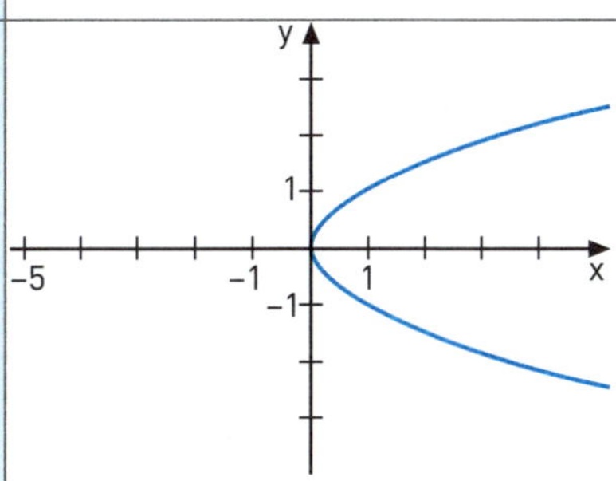			
(4)	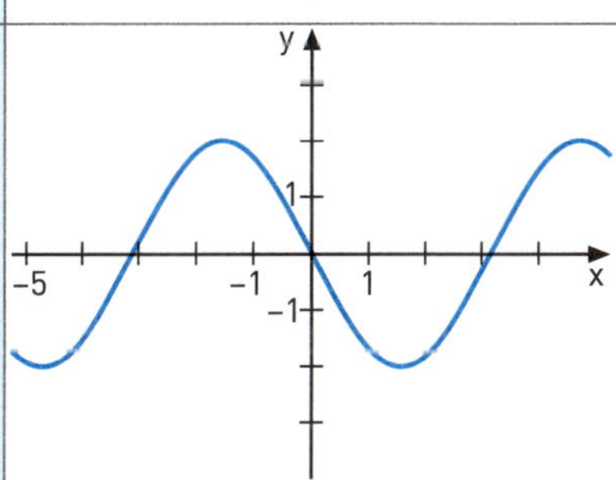			
(5)	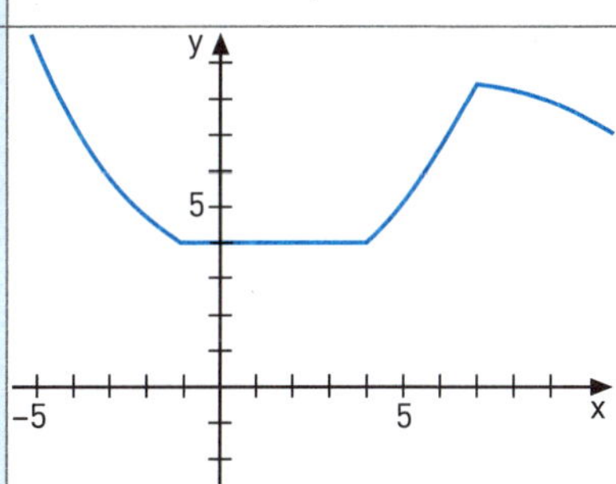			
(6)	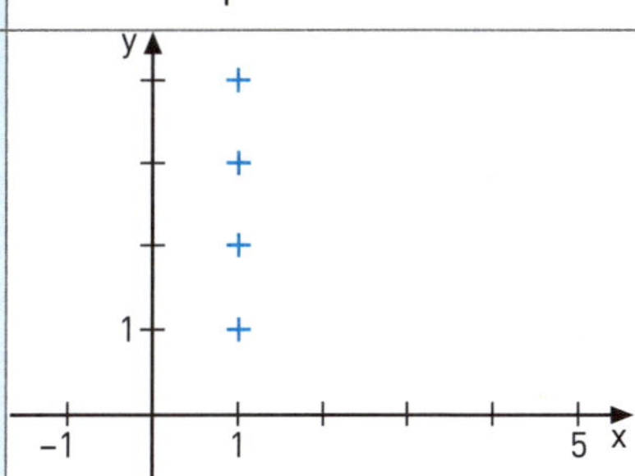			

9. Berechne die Funktionswerte in der Wertetabelle und zeichne den Graphen der Funktion.

a) $f(x) = 0{,}5x + 3$ **b)** $g(x) = -x^2 + 5$ **c)** $h(x) = |x - 2|$

x	-5	-4	-3	-2	-1	0	1	2	3	4	5	6
f(x)												
g(x)												
h(x)												

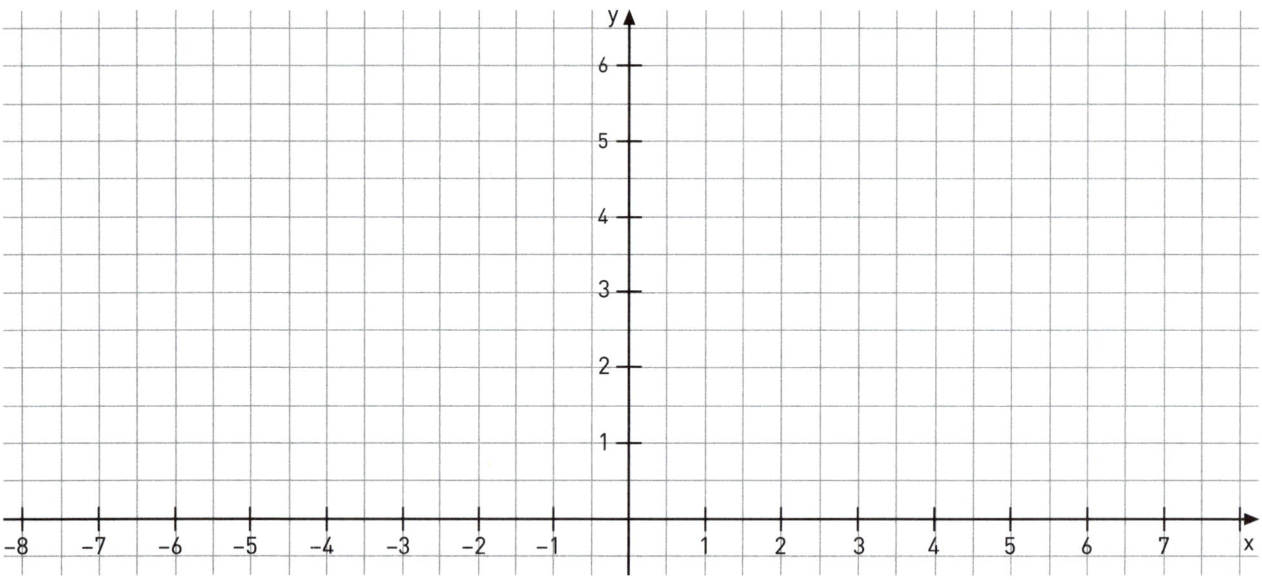

10. Ordne den Funktionsvorschriften den richtigen Graphen zu.

(1) $f(x) = \frac{1}{2x} + 1$ **(2)** $f(x) = \frac{1}{2}x\,(x + 2)$ **(3)** $f(x) = \left|1 - \frac{1}{2}x\right|$

Begründe anhand von Punktproben.

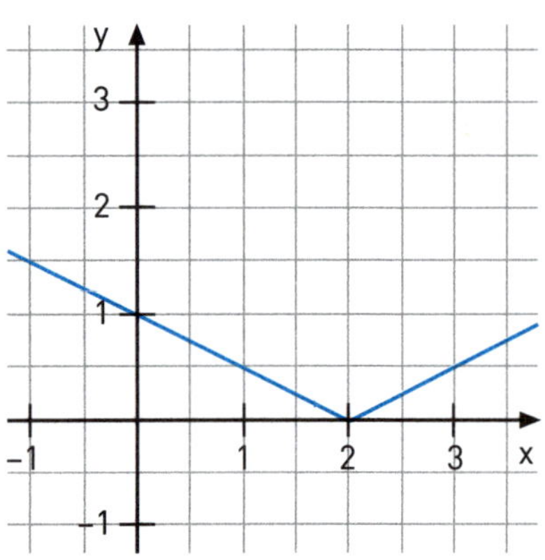

Funktionsvorschrift:

P(|)

Q(|)

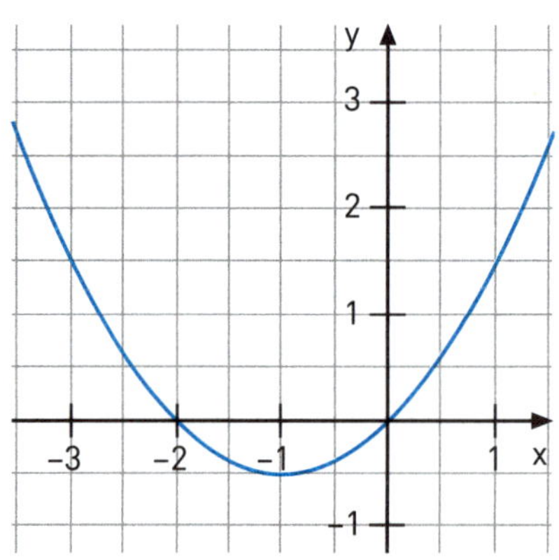

Funktionsvorschrift:

P(|)

Q(|)

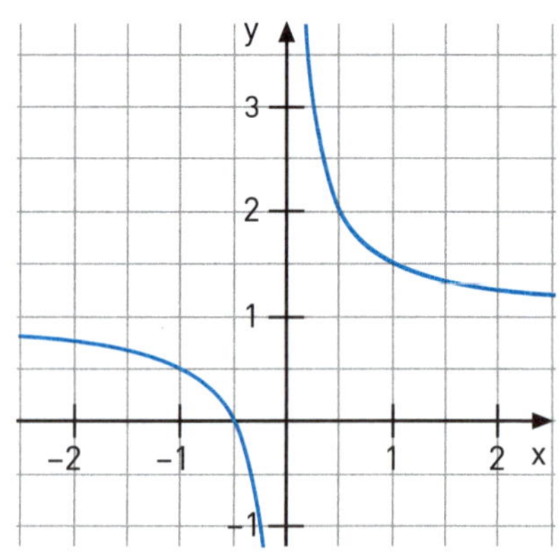

Funktionsvorschrift:

P(|)

Q(|)

2.2 Proportionale Funktionen

2.2.1 Graph proportionaler Funktionen

11. Stelle Wertetabellen auf und zeichne die Graphen der Funktionen in das Koordinatensystem ein.

(1) $y = x$ **(2)** $y = 2{,}5x$ **(3)** $y = -x$ **(4)** $y = \frac{1}{2}x$ **(5)** $y = -\frac{2}{5}x$ **(6)** $y = -2x$

(1)

x				
y				

(2)

x				
y				

(3)

x				
y				

(4)

x				
y				

(5)

x				
y				

(6)

x				
y				

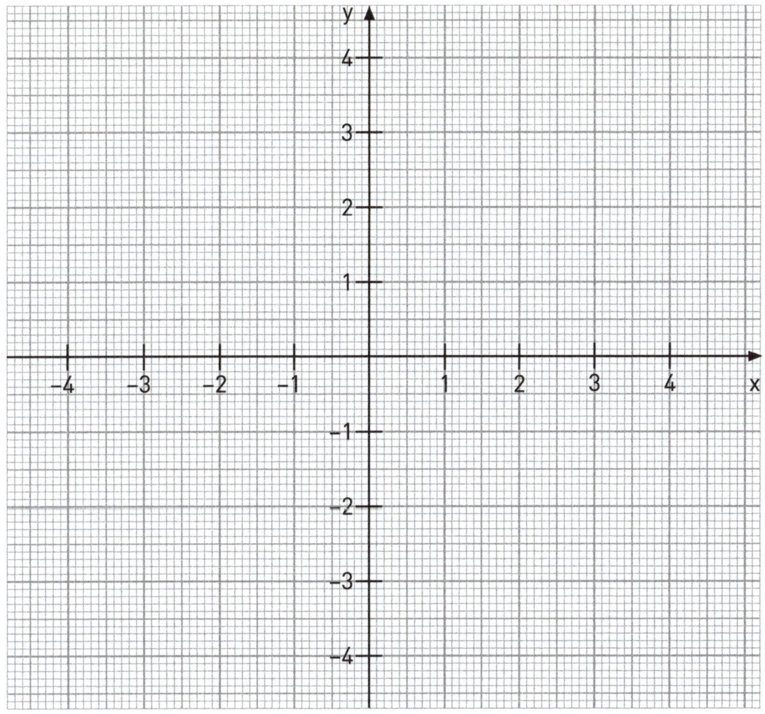

12. Es gibt verschiedene Möglichkeiten zu prüfen, ob gegebene Punkte zu einer proportionalen Funktion gehören. Betrachte die angefangenen Lösungsmöglichkeiten der vier Schülerinnen und Schüler für die Punkte $P(0|0)$, $Q(-2|3)$, $R\left(1{,}5\left|-2\frac{1}{4}\right.\right)$, $S(3|-4{,}5)$ und ergänze.

(1) Anna zeichnet die Punkte in ein Koordinatensystem und prüft, ob ....

....

....

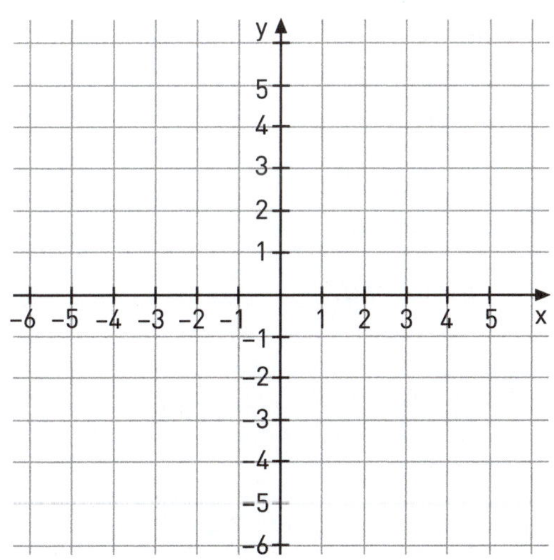

(2) Lara meint: „Aus den Koordinaten von P und Q bestimme ich die Gleichung für die Funktion und prüfe dann, ob die Punkte R und S ....

....

..............................".

(3) Jonas überträgt die Werte in eine Tabelle und berechnet ....

für jedes Wertepaar.

x				
y				

2.2.2 Steigung – Steigungsdreieck

13. Das Verkehrszeichen für die Steigung bzw. das Gefälle einer Straße basiert auf dem mathematischen Steigungsbegriff.
Eine Angabe von 17 % Steigung bedeutet zum Beispiel, dass pro 100 m in waagrechter Richtung die Höhe um 17 m zunimmt:

$$\textbf{Steigung} = \frac{\textbf{Höhenunterschied}}{\textbf{waagrechte Entfernung}} = \frac{17\,\text{m}}{100\,\text{m}} = 0{,}17 = 17\,\%$$

Ein Radfahrer fährt auf der obigen Straße. Fülle in der Tabelle aus, wie viel er an Höhe gewonnen hat, wenn er die angegebene waagerechte Entfernung zurückgelegt hat.

Waagrechte Entfernung (in m)	Gewonnene Höhe (in m)
50	
20	
10	
30	

14. Zeichne mehrere verschiedene Steigungsdreiecke ein. Bestimme Steigung und Gleichung der Geraden.

a) 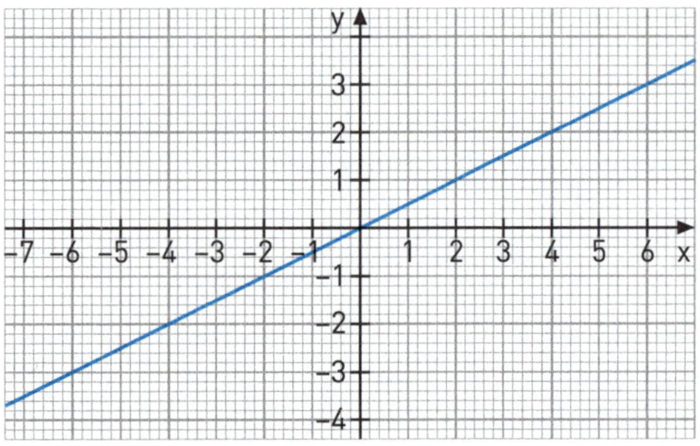

Steigung: ....

Gleichung: ....

c) 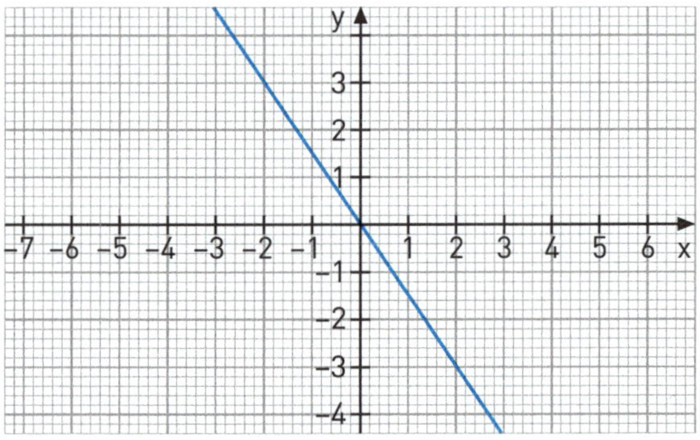

Steigung: ....

Gleichung: ....

b) 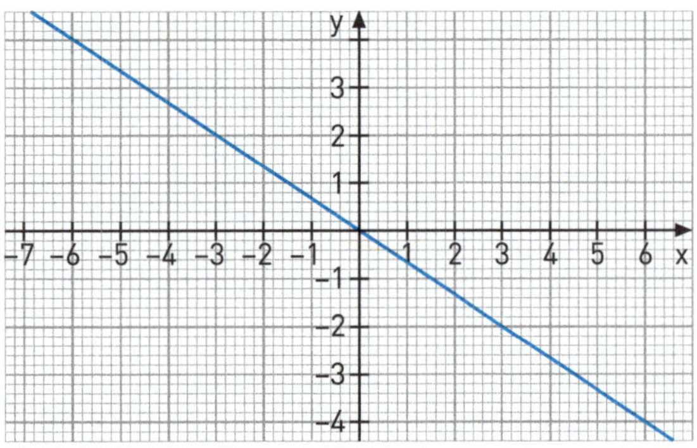

Steigung: ....

Gleichung: ....

d) 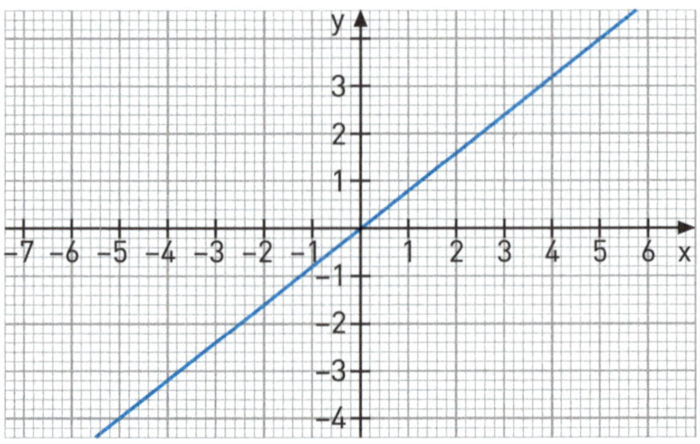

Steigung: ....

Gleichung: ....

2.3 Lineare Funktionen und ihre Graphen

15. Eine lineare Funktion ist durch die Gleichung $y = \frac{1}{2}x + 2$ gegeben. Berechne die fehlenden Werte in der Wertetabelle und zeichne den Graphen in das Koordinatensystem.

x	−3	−1,5	0			5
y				2,5	4	

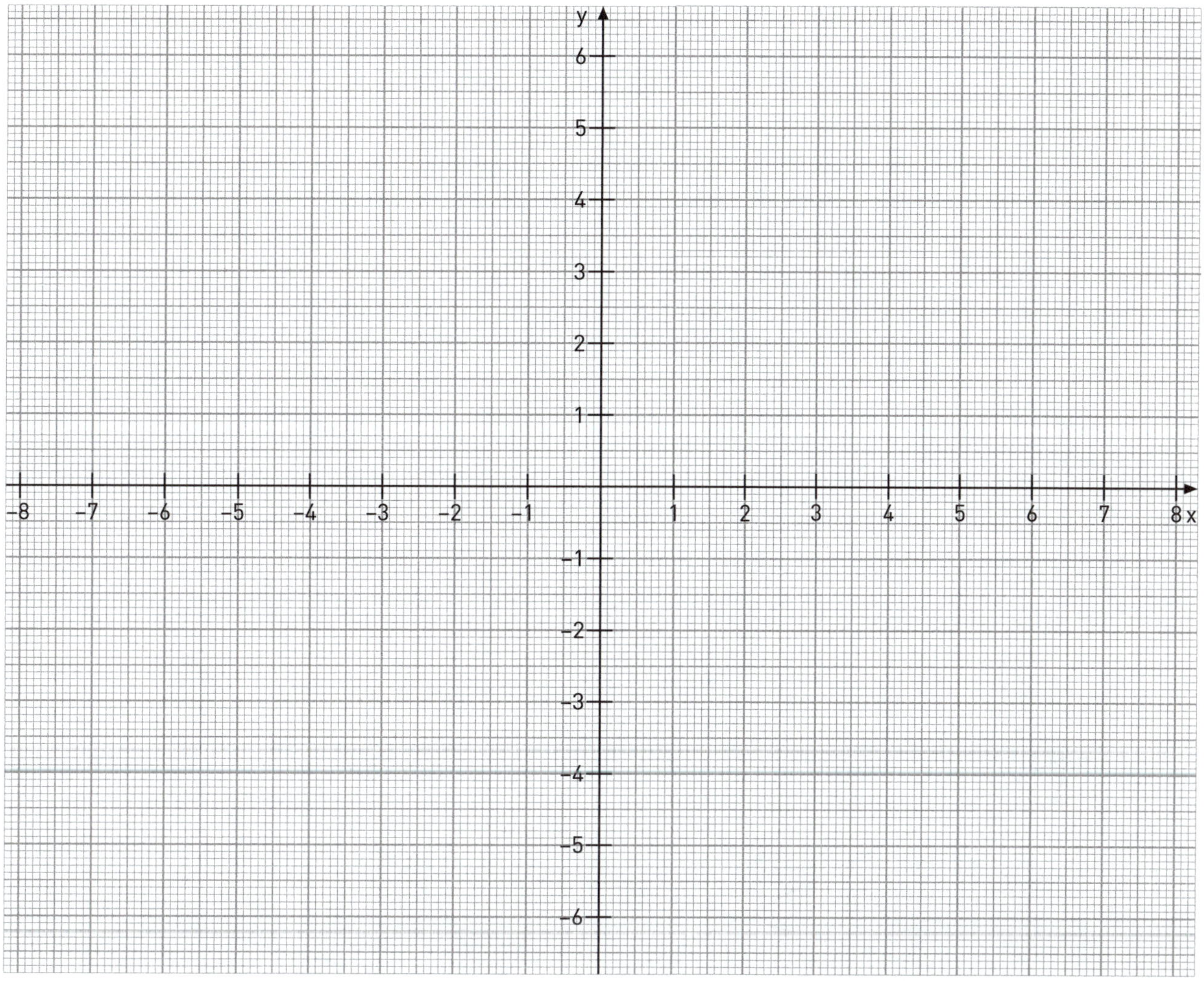

16. Die Zuordnungsvorschrift für eine Funktion lautet: Jeder Zahl wird ihr Doppeltes vermindert um 3 zugeordnet. Ergänze die Wertetabelle und gib die Funktionsgleichung an. Zeichne den Graphen der Funktion in das Koordinatensystem von Aufgabe 15.

x	−1	−0,5	0	0,5	1	2	3
y							

Funktionsgleichung: ....

17. Eine Funktion ist durch eine Wertetabelle gegeben. Finde die Funktionsgleichung und zeichne den Graphen in das Koordinatensystem von Aufgabe 15.

x	−1,5	−1	−0,5	0	1	1,5	2
y	5,5	4	2,5	1	−2	−3,5	−5

Funktionsgleichung: ....

18. Stelle die linearen Funktionen grafisch dar. Verwende verschiedene Farben.

a) $y = \frac{2}{3}x - 1$ **b)** $y = -0{,}4x + 2$ **c)** $y = 5x - 1{,}5$ **d)** $y = 3$ **e)** $y = -2x$

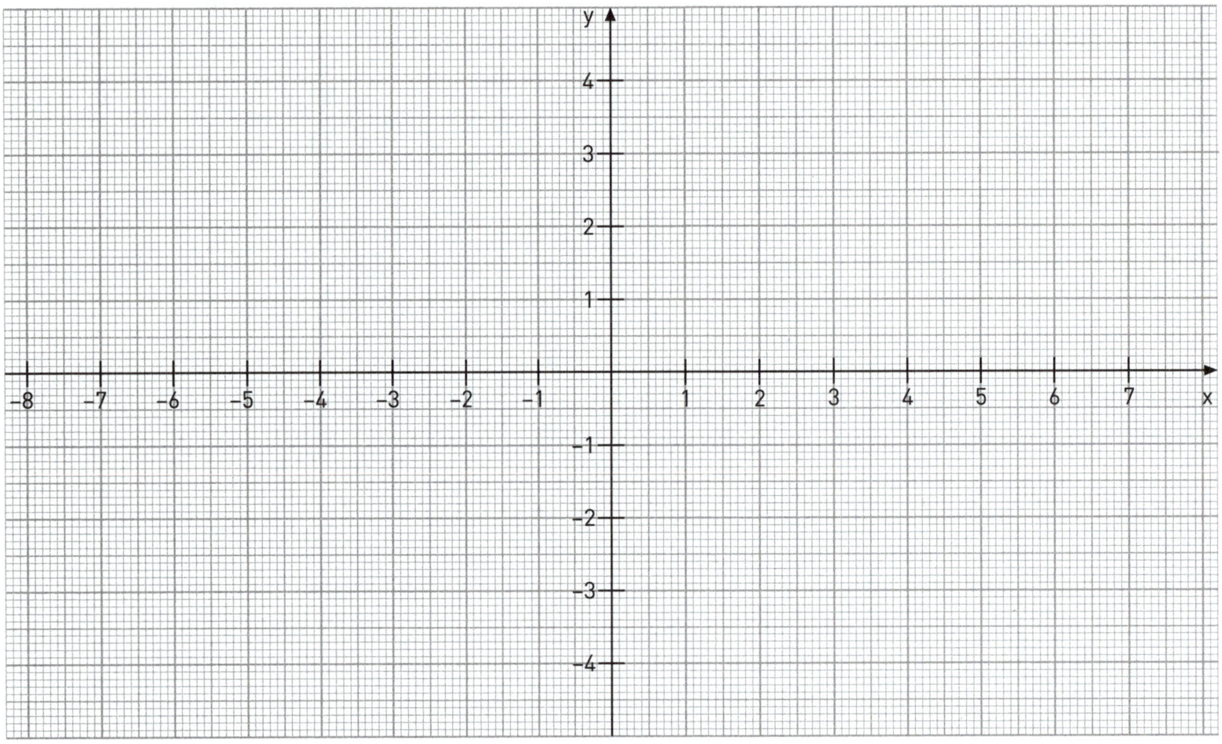

19. Zeichne ein Steigungsdreieck ein. Lies aus dem Graphen die Gleichung der linearen Funktion ab.

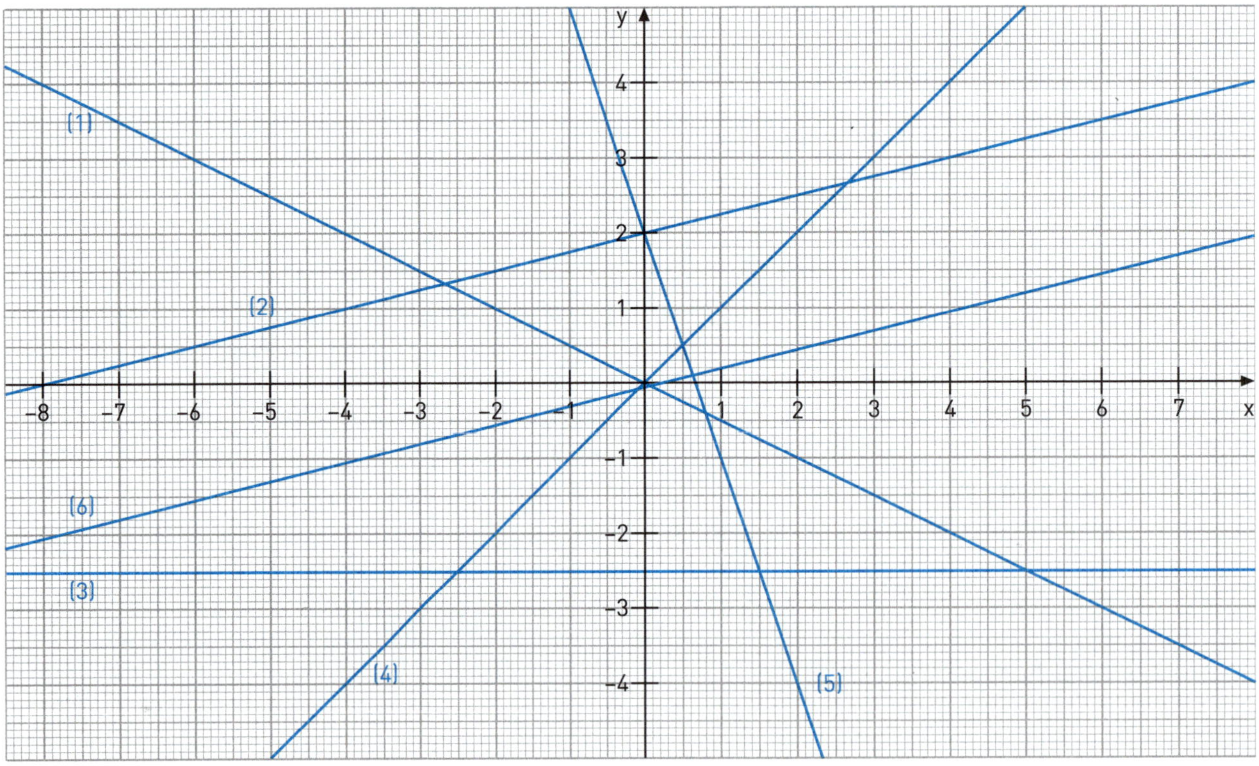

(1) .... **(3)** .... **(5)** ....

(2) .... **(4)** .... **(6)** ....

20. a) Zeichne in das Koordinatensystem die Graphen der Funktionen f_1 mit $y = \frac{1}{3}x - 1$ und f_2 mit $y = -4x + 0{,}5$ ein.

b) Lies aus den Graphen ab und berechne zur Kontrolle.

$f_1(-3) =$ ....

$f_2(-1{,}5) =$ ....

$f_1(1{,}5) =$ ....

$f_2(0{,}5) =$ ....

$f_1(4) =$ ....

$f_1(x) = -\frac{2}{3}$ gilt für $x =$ ....

$f_1(x) = \frac{2}{3}$ gilt für $x =$ ....

$f_2(x) = -\frac{2}{3}$ gilt für $x =$ ....

$f_2(x) = 2{,}5$ gilt für $x =$ ....

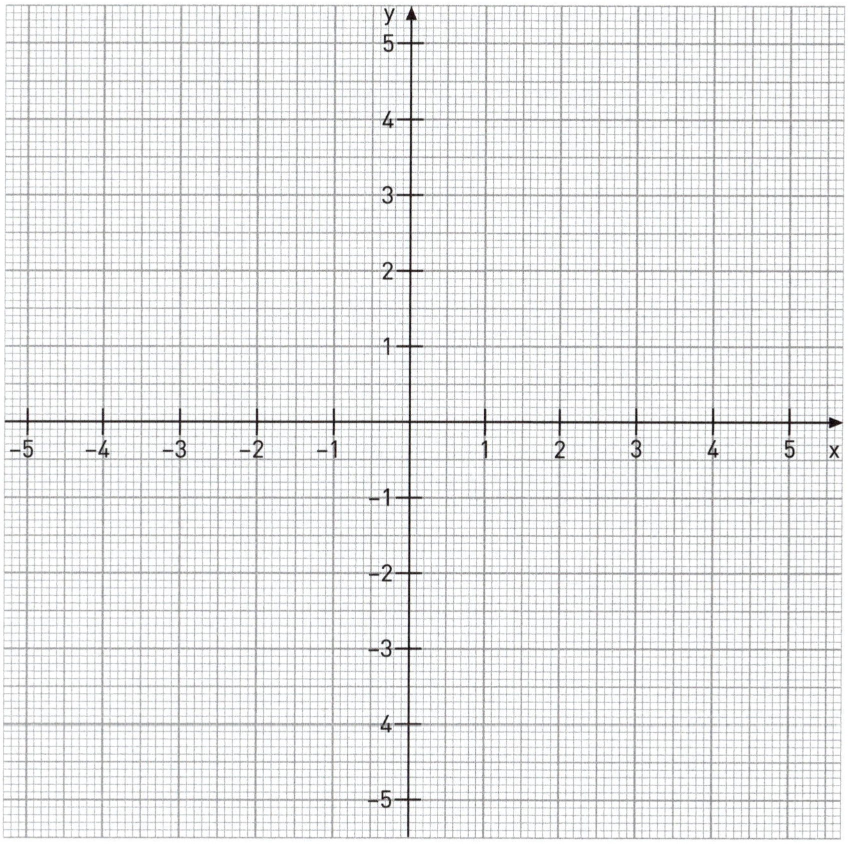

c) Berechne:

$f_1(-345) =$ .... $f_1(16{,}35) =$ .... $f_1(1065) =$ .... $f_1\left(5\frac{5}{6}\right) =$ ....

$f_2(-147{,}98) =$ .... $f_2(-7{,}932) =$ .... $f_2(1{,}45) =$ .... $f_2(777{,}2) =$ ....

d) Welche der Punkte liegen auf den Geraden?

$P_1\left(-\frac{3}{2}\middle|-\frac{3}{2}\right)$ .... $P_2(5\,|\,-20)$ .... $P_3(100\,|\,99)$ ....

e) Gib folgende Eigenschaften der beiden Funktionen an:

	Steigung	y-Achsen-abschnitt	steigend/ fallend	Schnittpunkte mit den Achsen
Funktion f_1				
Funktion f_2				

f) (1) In welchem Punkt schneiden sich die beiden Geraden? ....

(2) Die Graphen der Funktionen f_1 und f_2 schließen mit der y-Achse eine Dreiecksfläche ein. Markiere die Fläche im Koordinatensystem und berechne den Flächeninhalt:

(3) Miss den Winkel, den die Graphen von f_1 und f_2 miteinander einschließen. ....

2.4 Nullstellen linearer Funktionen – Lösen linearer Gleichungen

21. Zeichne die Graphen der Funktionen und bestimme die Nullstellen.

a) $y = -\frac{3}{2}x + 1$

b) $y = x + 4$

c) $y = \frac{4}{3}x - 2$

d) $y = -\frac{1}{4}x$

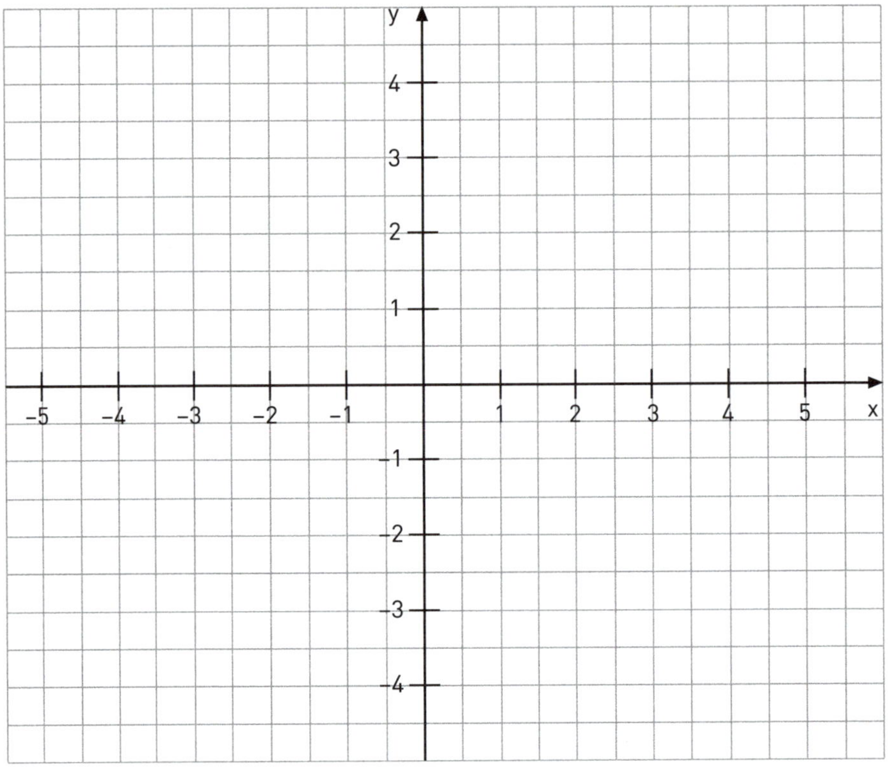

22. Zeichne in das Koordinatensystem zwei Geraden ein, die die x-Achse bei −2 schneiden. Gib ihre Funktionsgleichungen an.

Gerade 1: ....

Gerade 2: ....

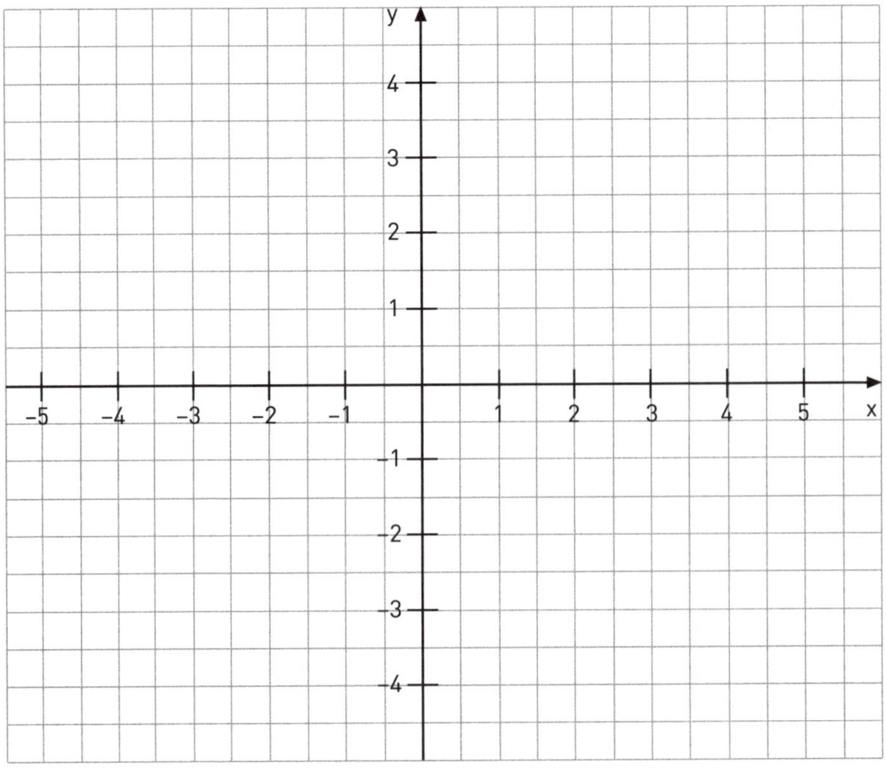

2.5 Geraden durch Punkte

2.5.1 Geraden durch zwei Punkte

23. a) Zeichne die Gerade durch die Punkte $P_1(-7\,|\,3)$ und $P_2(-2\,|\,2)$ in das Koordinatensystem.

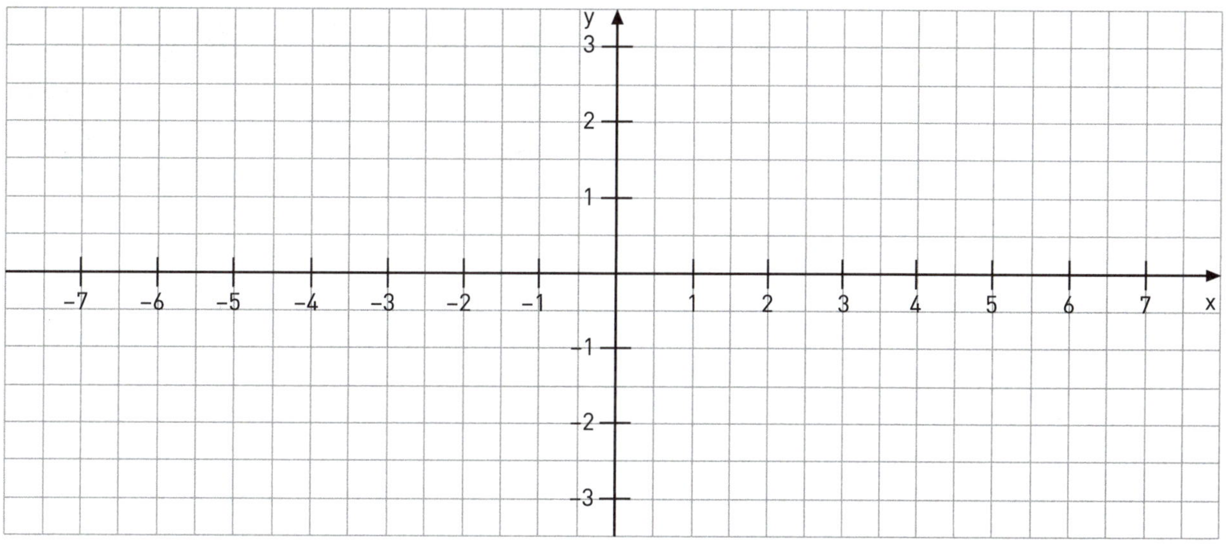

b) Zeichne ein Steigungsdreieck ein und berechne die Steigung dieser Geraden.

c) Ermittle rechnerisch den y-Achsenabschnitt der Geraden. Kontrolliere an der Zeichnung.

d) Gib dann die Gleichung der Geraden an.

24. Zeichne die Gerade durch die angegebenen Punkte und ermittle ihre Gleichung.

a) $P_1(-5\,|\,2)$ und $Q_1(5\,|\,3)$

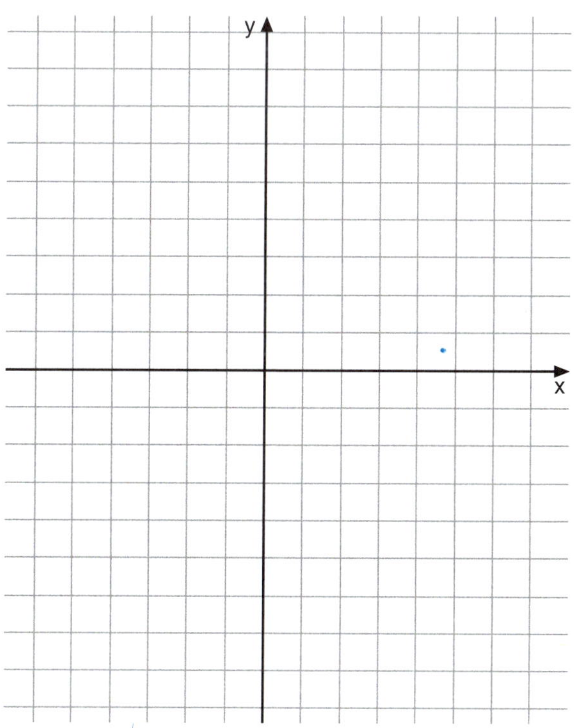

b) $P_2(50\,|\,20)$ und $Q_2(30\,|\,50)$

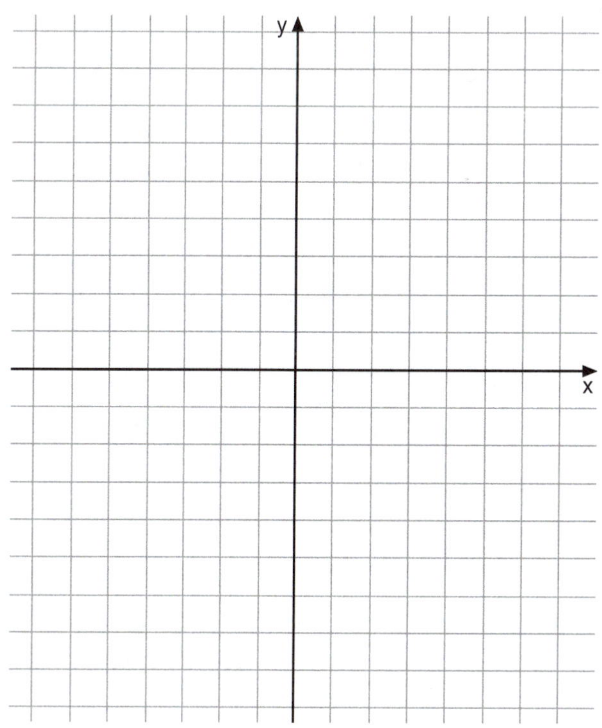

2.5.2 Geraden durch Punktwolken

25. Bei einem Schülerexperiment nehmen Lara, Alena und Katharina die Temperaturkurve bei der Erwärmung von Wasser auf. Sie ermitteln folgende Messwerte:

Zeit t (in s)	0	30	60	90	120	150	180	210	240	270	300	330	360
Temperatur (in °C)	15,5	22	26	32	39	46	51,5	57	62	66	70	77	82

a) Stelle die Messergebnisse grafisch dar.
Beschreiben die Messwerte eine lineare Funktion? Wenn ja, gib die Geradengleichung an.

b) Nach welchen Zeiten war das Wasser 20 °C, 40 °C, 50 °C und 80 °C warm? Zeichne oben ein.

c) Ermittle, nach welcher Zeit das Wasser zu sieden beginnt.

2.6 Vermischte Übungen

26. Zeichne die Geraden ins Koordinatensystem ein und gib die Funktionsgleichungen an.

a) Die Winkelhalbierende vom III. Quadranten zum I. Quadranten.

y = ...

b) Eine Gerade, die parallel zur x -Achse liegt.

y = ...

c) Eine Gerade, die fällt und bei $x_0 = 2$ eine Nullstelle hat.

y = ...

d) Eine Gerade mit der Steigung 2 und einem negativen y-Achsenabschnitt.

y = ...

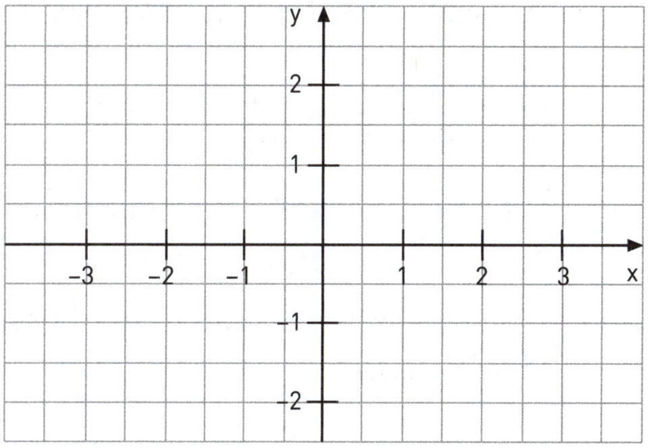

27. a) Die Funktionsgleichung y = 2x + b stellt für jedes b eine lineare Funktion dar. Wie verändert sich der Graph bei einer Veränderung von b? Zeichne und beschreibe.

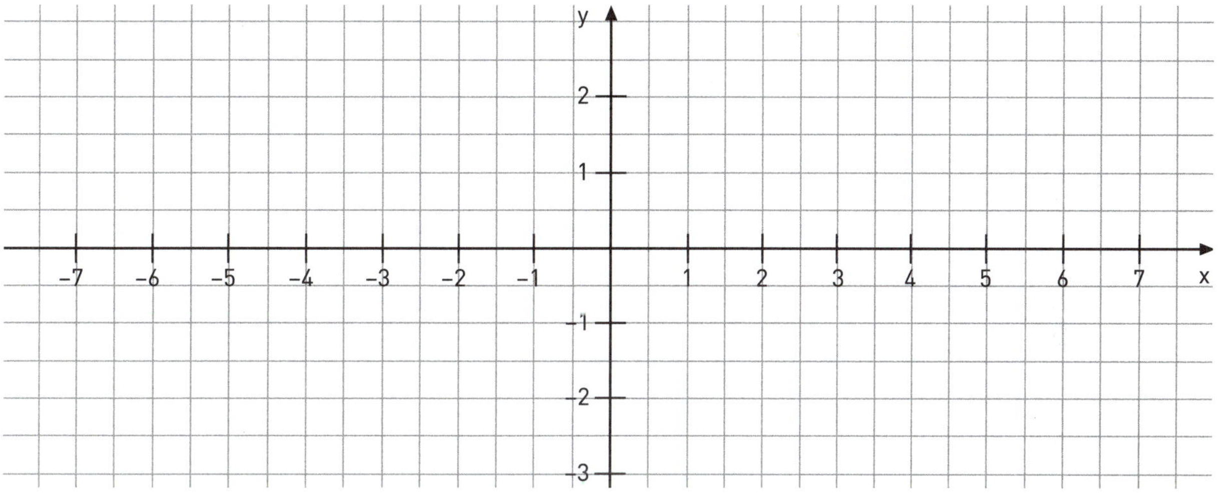

b) Die Funktionsgleichung y = mx – 1 stellt für jedes m eine lineare Funktion dar. Wie verändert sich der Graph bei einer Veränderung von m? Zeichne und beschreibe.

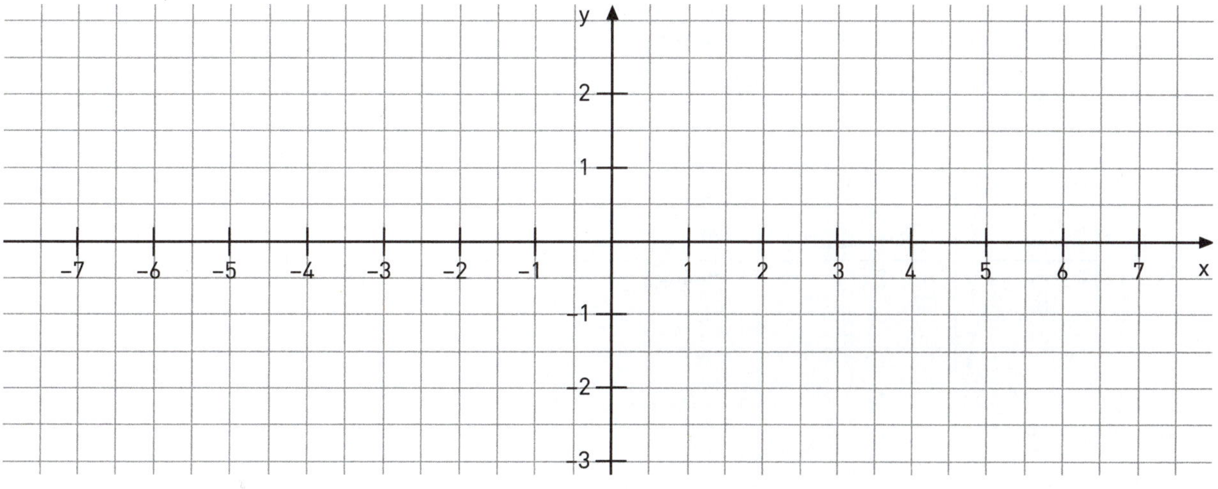

28. Eine Gerade g geht durch die Punkte P(−3 | −2) und Q(1 | 4). Tim ermittelt die Funktionsgleichung für die Gerade folgendermaßen:

Zuerst ermittle ich die Steigung der Geraden

$m = \frac{4-2}{1-3} = \frac{2}{-2} = -1$

Da die Gerade die Funktionsgleichung $y = mx + b$ hat, setze ich danach die Koordinaten von Punkt Q und m ein: $4 = -1 \cdot 1 + b$ und addiere +1 auf beiden Seiten der Gleichung.

Ich erhalte für $b = 5$, also ist $y = -x + 5$.

Kontrolliere zeichnerisch und finde Fehler in Tims Rechnung. Korrigiere sie.

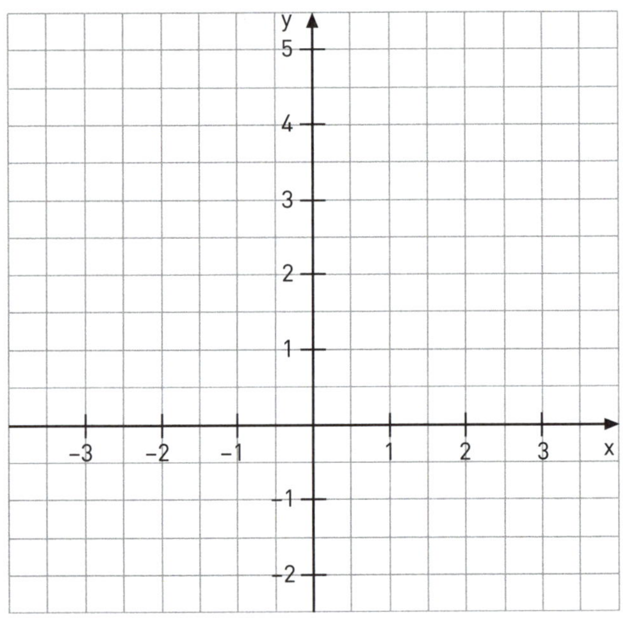

2.7 Antiproportionale Funktionen

29. Ermittle die Funktionsgleichung der antiproportionalen Funktion.

a)

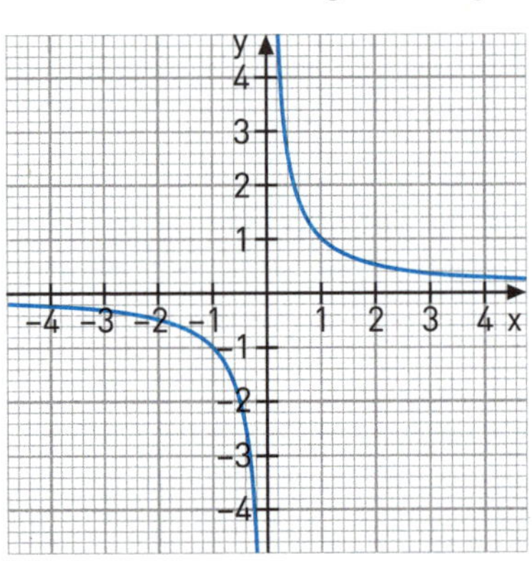

y =

b)

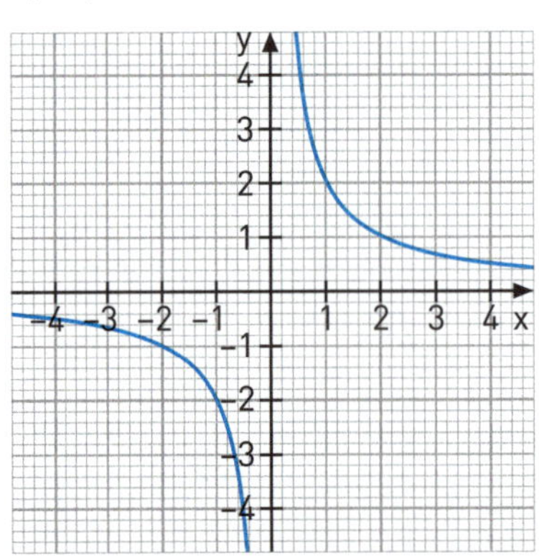

y =

c)

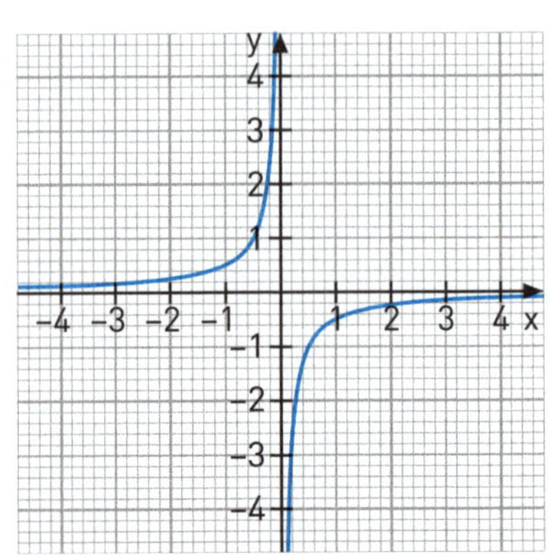

y =

Gleichungssystem, ihre Graphen und ihre Lösungsmenge (zu Seite 38)

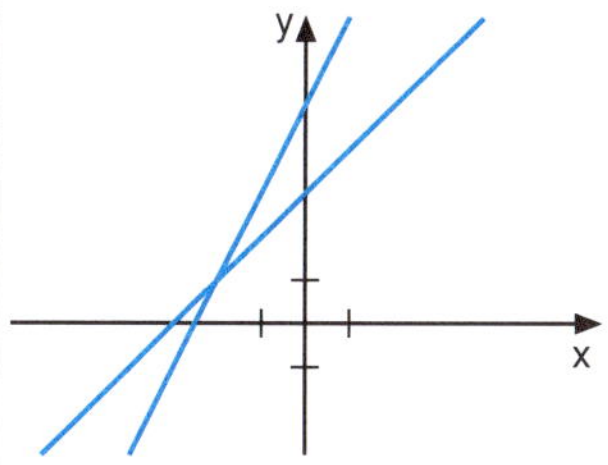	$\left\lvert \begin{array}{l} 3x - y = 1 \\ 3x - y = -1 \end{array} \right\rvert$	$\left\lvert \begin{array}{l} y = 3x - 2 \\ 2y = 6x - 4 \end{array} \right\rvert$	$L = \{(0 \mid 1)\}$
$\left\lvert \begin{array}{l} x = 2 \\ y = 2 \end{array} \right\rvert$	$\left\lvert \begin{array}{l} -x + 0y = 2 \\ -x + 4y = -2 \end{array} \right\rvert$	$L = \{(2 \mid 2)\}$	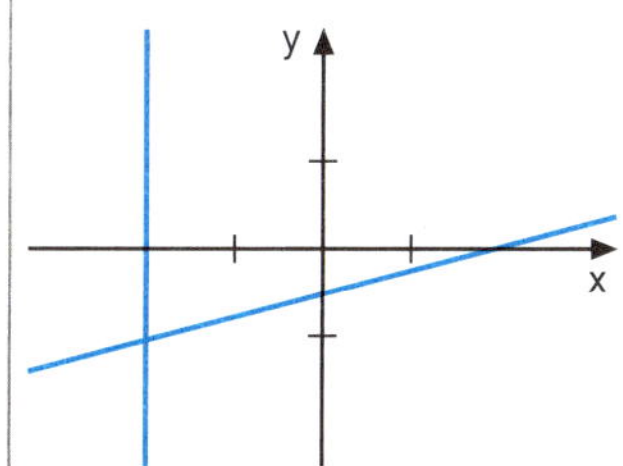
$\left\lvert \begin{array}{l} -3x + 6y = 6 \\ 3x + 6y = 6 \end{array} \right\rvert$	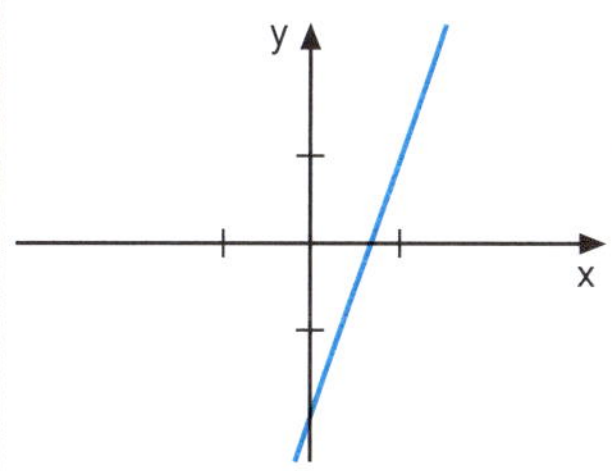	$\left\lvert \begin{array}{l} 3x + 0y = 6 \\ 0x + 3y = 6 \end{array} \right\rvert$	$L = \{(-2 \mid 1)\}$
$\left\lvert \begin{array}{l} y = 3x - 1 \\ y = 3x + 1 \end{array} \right\rvert$	$L = \{(x \mid y) \mid y = 3x - 2\}$	$\left\lvert \begin{array}{l} y = 2x + 5 \\ y = x + 3 \end{array} \right\rvert$	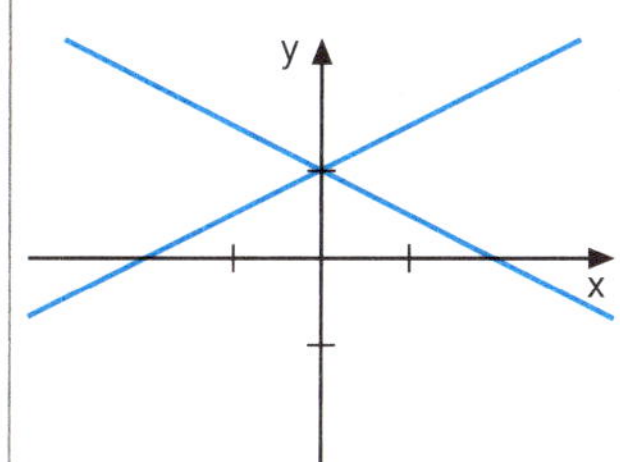
$L = \{(-2 \mid -1)\}$	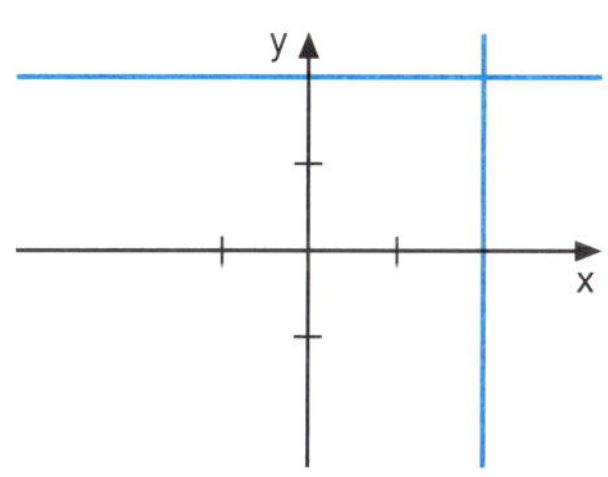	$\left\lvert \begin{array}{l} 12x - 4y = 8 \\ 3x - y = 2 \end{array} \right\rvert$	$\left\lvert \begin{array}{l} x = -2 \\ y = \frac{1}{4}x - \frac{1}{2} \end{array} \right\rvert$
$L = \{ \quad \}$	$\left\lvert \begin{array}{l} y = 0{,}5x + 1 \\ y = -\frac{1}{2} + 1 \end{array} \right\rvert$	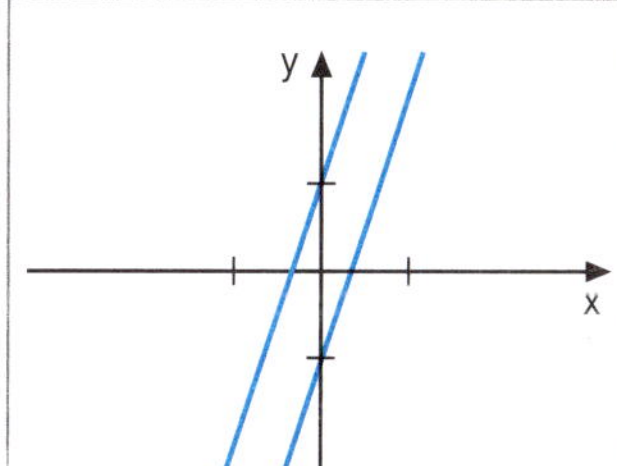	$\left\lvert \begin{array}{l} -4x + 2y = 10 \\ 3x - 3y = -9 \end{array} \right\rvert$

EFRON - Würfel (zu Seite 49)

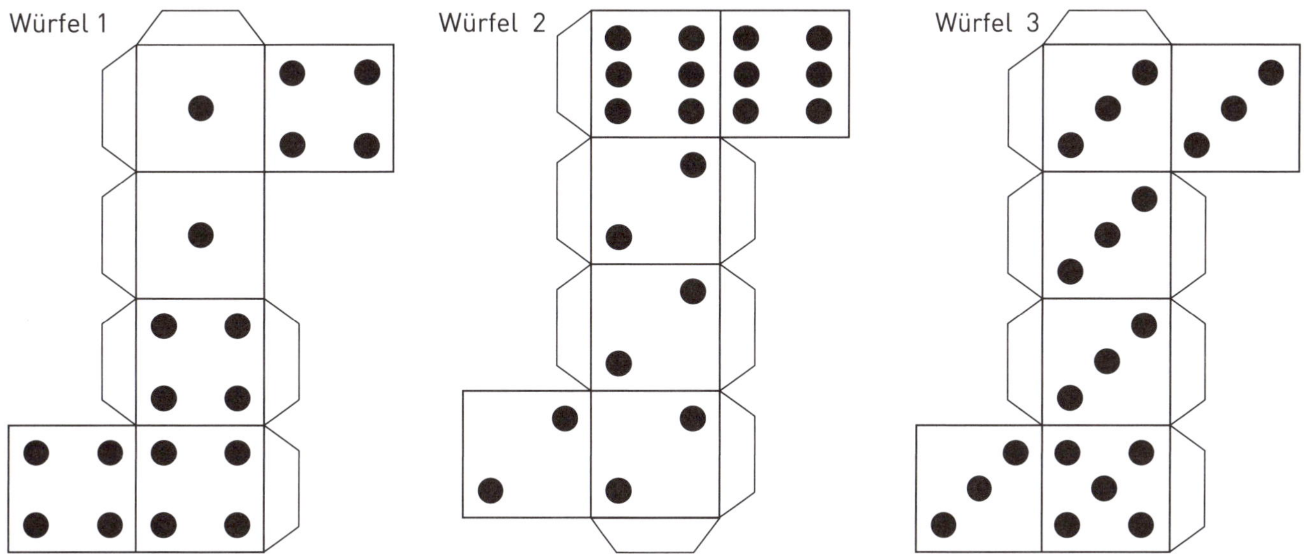

Aufgabenwürfeln (zu Seite 54)

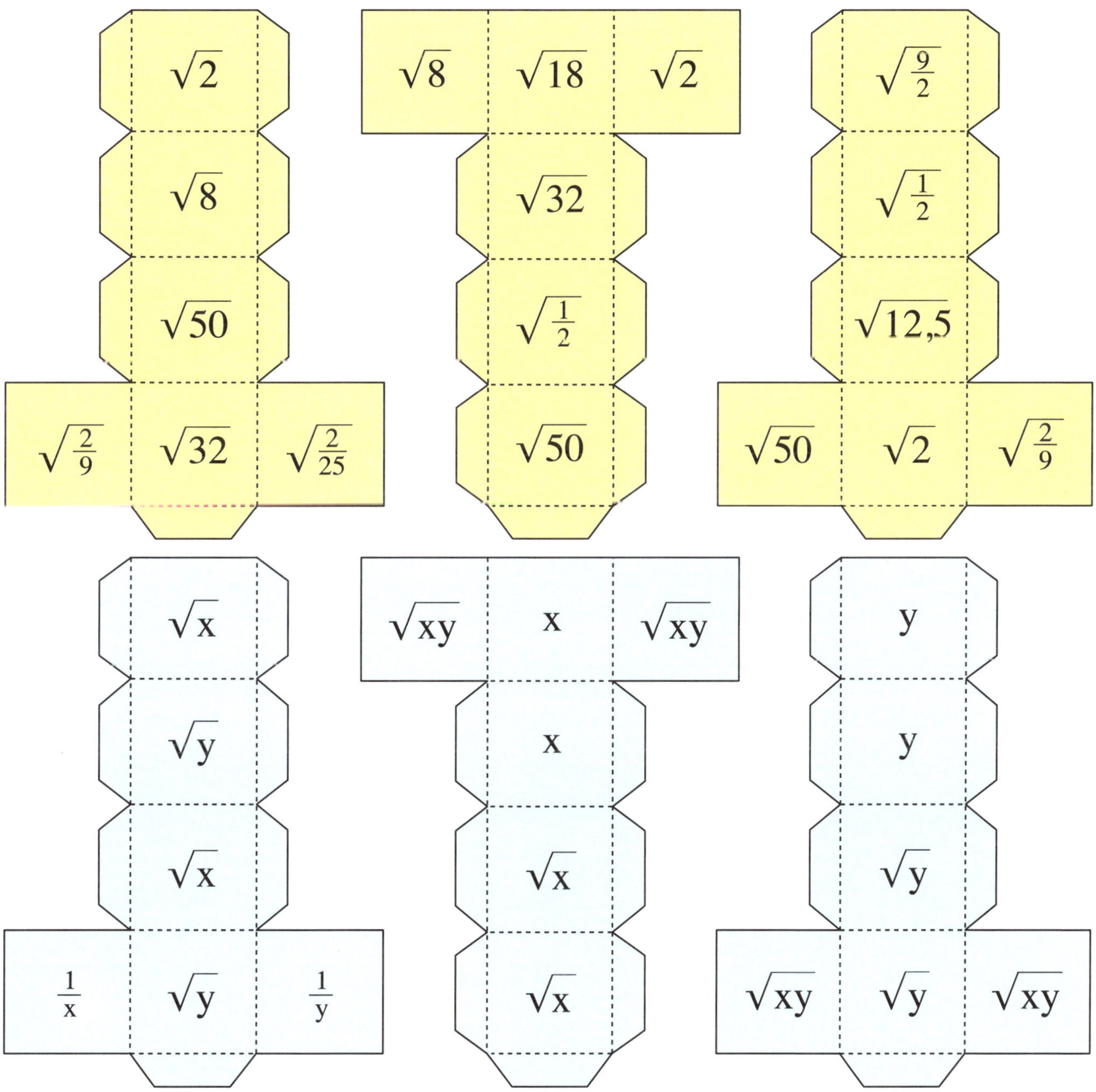

Bist du kompetent im Umgang mit Funktionen Graph, Tabelle und Gleichung?

30. Die Zettel mit den Darstellungen sollen in die richtigen Kästen gesteckt werden. Trage auch die richtigen Zahlen ein. Zur Kontrolle ist die Summe der Zahlen unter den Kästen angegeben.

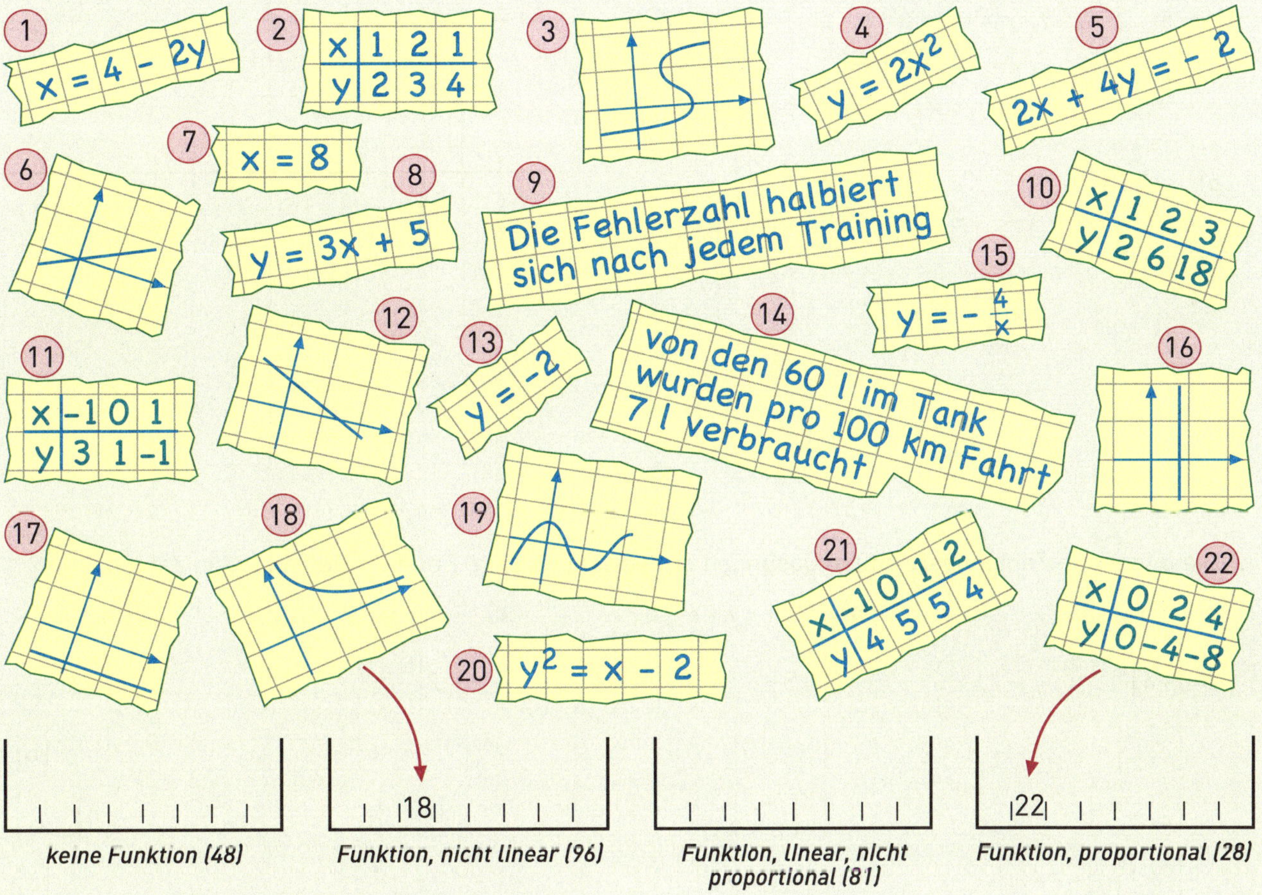

31. a) Ergänze die Tabelle für die linearen Funktionen.

	Funktionsgleichung	Steigung	y-Achsenabschnitt	Punkte auf dem Graphen	
(1)	$y = -2x + 3$			A(−1 | ....)	B(.......... | −1)
(2)		0,5		A(1 | 3)	B(2 | ....)
(3)	$y = \frac{3}{4}x$		−1	A(0 | ....)	B(.......... | 0)
(4)				A(−3 | 4)	B(2 | −1)
(5)				A(1 | ....)	B(.......... | 0)

b) Der Graph zu (5) ist schon in das Koordinatensystem rechts unten eingetragen. Zeichne auch die Graphen zu (1) bis (4) in das Koordinatensystem.

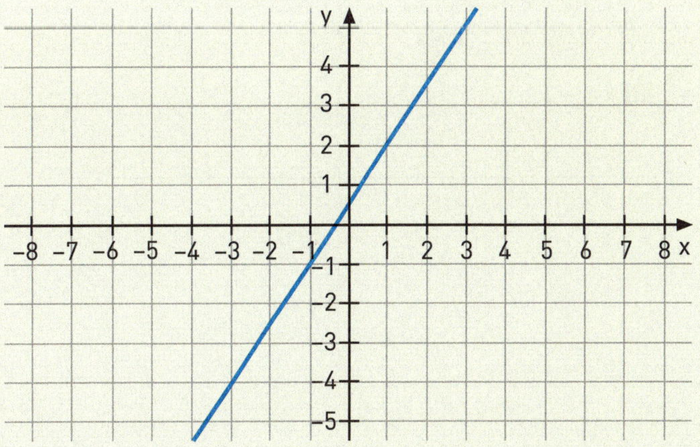

3.1 Lineare Gleichungen der Form $ax = by + c$

1. Zeichne den Graphen der linearen Gleichung mithilfe einer Wertetabelle.

a) $x + y = -1$

x	−3	−2	−1	0	1	2	3
y							

b) $-x + 2y = 2$

x	−3	−2	−1	0	1	2	3
y							

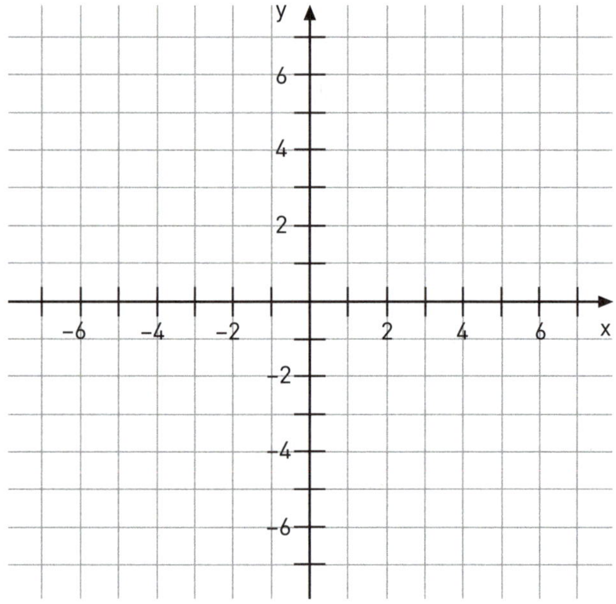

2. Die folgenden Zahlenpaare sollen Lösungen der Gleichung sein. Ergänze die fehlenden Zahlen.

a) $2x + y = 10$

$(-4 \mid \_\_)$
$(\_\_ \mid 14)$
$(2 \mid \_\_)$
$(\_\_ \mid 0)$

b) $-2x + \frac{1}{3}y + 4 = 0$

$(0{,}5 \mid \_\_)$
$(\_\_ \mid 0)$
$(5 \mid \_\_)$
$(\_\_ \mid -2{,}4)$

c) $\frac{2x + 2y}{4} = -2$

$(-2 \mid \_\_)$
$(\_\_ \mid -6)$
$(1 \mid \_\_)$
$(\_\_ \mid 2)$

d) $y + x = 4$

$(-2 \mid \_\_)$
$(\_\_ \mid 5)$
$(0 \mid \_\_)$
$(\_\_ \mid -0{,}25)$

3. Zeichne Geraden zu den linearen Gleichungen. Beschreibe die Lage im Koordinatensystem. Gib jeweils an, ob eine Funktion vorliegt.

(1) $y = 2$ ....

....

(2) $y = x$ ....

....

(3) $x = -3$ ....

....

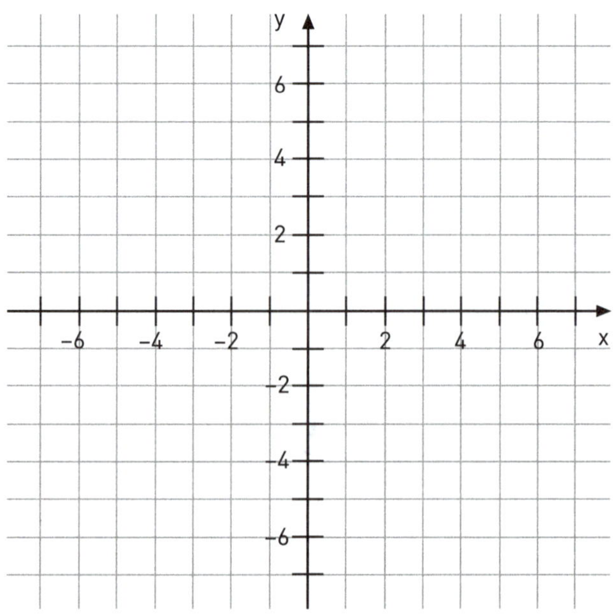

3.2 Systeme linearer Gleichungen – Grafisches Lösungsverfahren

4. Bestimme die Gleichungen der Geraden g und h und trage sie in das Koordinatensystem ein.

a) **(1)** g schneidet die x-Achse im Punkt P(–2|0), ihre Steigung beträgt 3.

(2) h verläuft durch den Koordinatenursprung und schneidet g im Punkt S(–1|3).

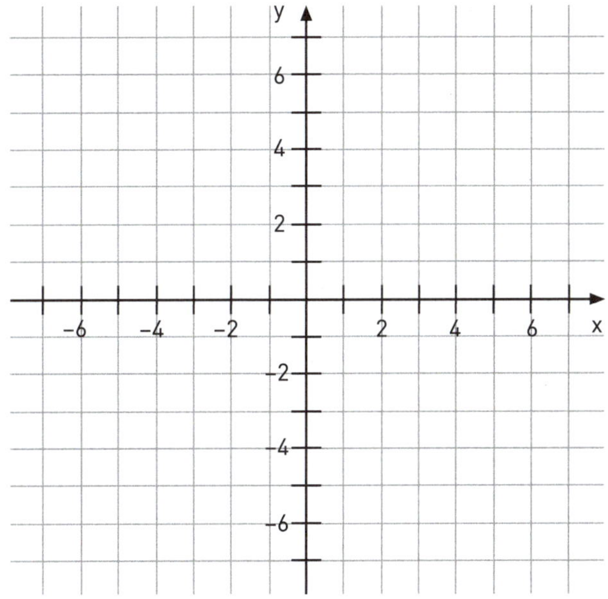

b) **(1)** g verläuft parallel zur y-Achse.

(2) h ist eine Parallele zur x-Achse.

(3) S(–4|–3) ist Schnittpunkt von g und h.

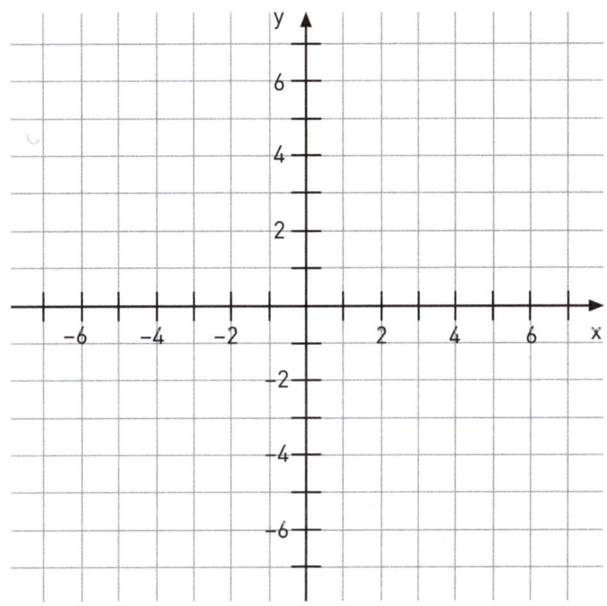

c) **(1)** g und h schneiden sich im III. Quadranten.

(2) Die Steigung von g und h ist positiv.

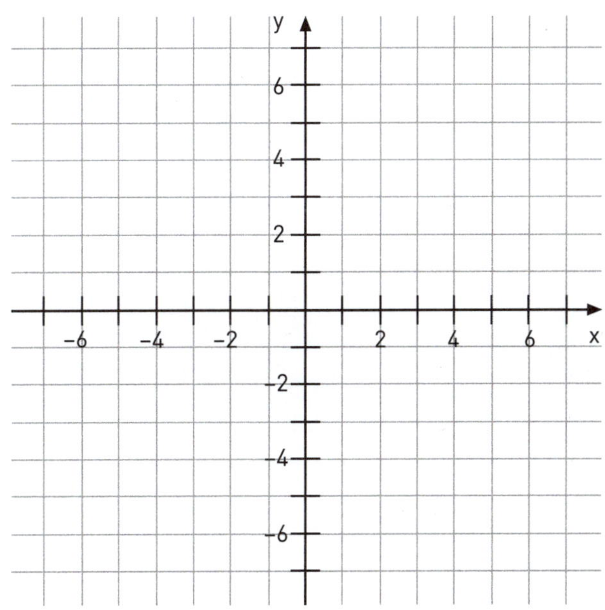

5. Auf dem Bastelbogen findest du Kärtchen mit acht linearen Gleichungssystemen, ihre Lösungsmengen und ihre Graphen. Schneide die Kärtchen aus. Ordne die passenden Teile einander zu und klebe sie entsprechend auf.

6. Ordne jeweils zwei Graphen einem Gleichungssystem zu.

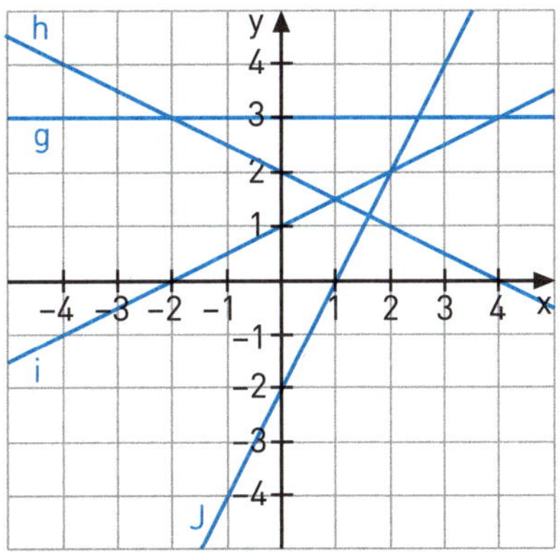

a) $\left| \begin{array}{l} 2y = x + 2 \\ y = -\frac{1}{2}x + 2 \end{array} \right|$

b) $\left| \begin{array}{l} 3x - 6y = -6 \\ -2x - 4y = -8 \end{array} \right|$

c) $\left| \begin{array}{r} 4x + 8y = 16 \\ y = 3 \end{array} \right|$

d) $\left| \begin{array}{r} x = -2 + 2y \\ -y - 3 = -6 \end{array} \right|$

7. Gib ein lineares Gleichungssystem an, das zu den folgenden Graphen passt.

a)

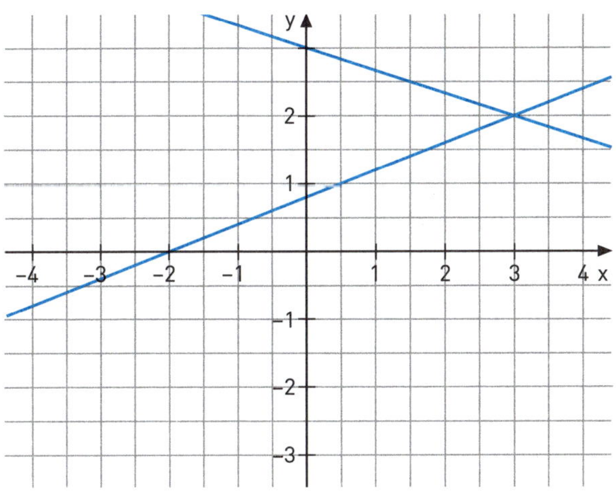

c)

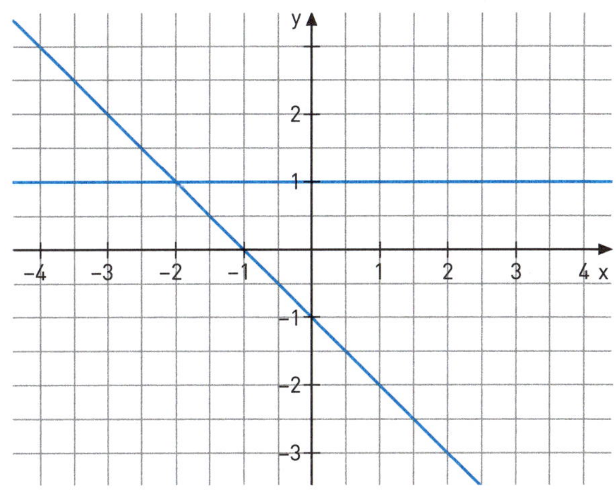

b)

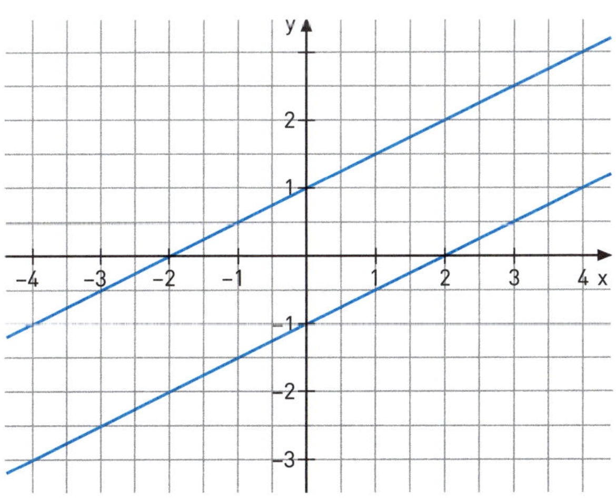

d)

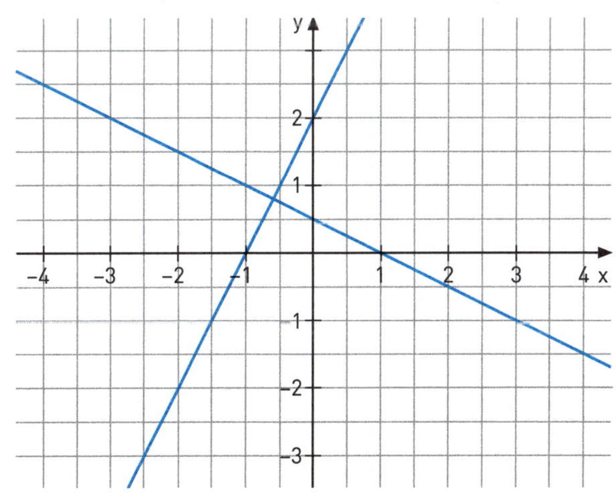

3.3 Gleichsetzungsverfahren

8. Die linearen Gleichungssysteme wurden mit dem Gleichsetzungsverfahren gelöst. Es haben sich aber einige Fehler eingeschlichen. Markiere die Fehler farbig und berichtige.

a)

$$\left| \begin{array}{r} 4x + 3 = 5y \\ 5y = 2x - 1 \end{array} \right|$$

$$\left| \begin{array}{r} 4x + 3 = 2x - 1 \\ 5y = 4x + 3 \end{array} \right|$$

$$\left| \begin{array}{l} 2x = -4 \\ 5y = 4x + 3 \end{array} \right|$$

$$\left| \begin{array}{l} x = -2 \\ 5y = 4 \cdot (-2) + 3 \end{array} \right|$$

$$\left| \begin{array}{l} x = -2 \\ y = 1 \end{array} \right|$$

Korrektur:

b)

$$\left| \begin{array}{l} 9a = 270 - 3b \\ -20a - 4a = b \end{array} \right|$$

$$\left| \begin{array}{l} 3a - 90 = b \\ -20a - 4a = b \end{array} \right|$$

$$\left| \begin{array}{r} 3a - 90 = -20 - 4a \\ 9a = 270 - 3b \end{array} \right|$$

$$\left| \begin{array}{l} 7a = -70 \\ 9a = 270 - 3b \end{array} \right|$$

$$\left| \begin{array}{l} a = -10 \\ -90 = 270 - 3b \end{array} \right|$$

$$\left| \begin{array}{l} a = -10 \\ -120 = b \end{array} \right|$$

Korrektur:

9. Tom leistet Bundesfreiwilligendienst in seiner Heimatstadt und muss heute im Schwimmbad aushelfen. Er hat insgesamt 480 Tageskarten an Kinder und Erwachsene verkauft und dabei 1270 € kassiert. Die Tageskarte für Erwachsene kostet 4 €, Kinder zahlen die Hälfte.
Wie viele Kinder haben heute das Schwimmbad mit einer Tageskarte besucht?
Vervollständige den Lösungsweg.

Überlegung	Rechnung
Lege für die Anzahl der Kinder die Variable x, für die Anzahl der Erwachsenen die Variable y fest.	x .... Erwachsene
Erstelle zum Text zwei Gleichungen.	$\left\| \begin{array}{r} x + y = \_\_\_ \\ 2x + \_\_\_ = \_\_\_ \end{array} \right\|$
....	$\left\| \begin{array}{l} y = \_\_\_ \\ y = \_\_\_ \end{array} \right\|$
Setze die beiden rechten Seiten der Gleichungen gleich und löse nach x auf.	
Lösung:	

3.4 Einsetzungsverfahren

10. Tom hilft seinem Bruder Tim beim Lösen der Hausaufgaben.
Tim grübelt über der rechts stehenden Aufgabe:
Tom sagt: „Manchmal geht es schneller, mit einem anderen Verfahren zu rechnen. Ich zeig dir das mal …"
Vervollständige den Lösungsweg.

$$\left| \begin{array}{r} 3x - 5y = -14 \\ x + y = 6 \end{array} \right|$$

Rechnung	Erläuterung
$\left\| \begin{array}{r} 3x - 5y = -14 \\ x + y = 6 \end{array} \right\|$ $\left\| \begin{array}{r} 3x - 5y = -14 \\ y = 6 - x \end{array} \right\|$	Man löst eine Gleichung nach
$\left\| \begin{array}{r} 3x - 5 \cdot (6 - x) = -14 \\ y = 6 - x \end{array} \right\|$	Man setzt
$\left\| \begin{array}{r} 3x - 30 + 5x = -14 \\ y = 6 - x \end{array} \right\|$	
$L = \{(2 \mid 4)\}$	

11. Ein Mitschüler löst gerade ein lineares Gleichungssystem mit dem Einsetzungsverfahren. Er ist folgender Meinung: „Eigentlich ist das Einsetzungsverfahren immer das gleiche wie das Gleichsetzungsverfahren". Bewerte diese Aussage.

$$\left| \begin{array}{l} y = 2x + 7 \\ y = 8x - 9 \end{array} \right|$$

$$8x - 9 = 2x + 7$$

3.5 Additionsverfahren

12. In einem Getränkehandel ist derzeit das Mineralwasser der Marke Sternbrunnen im Angebot. Herr Bibamus kauft 2 Kisten und bezahlt 13,58 €. Frau Aquarius kauft 7 Kisten, gibt 9 Kisten Leergut zurück und zahlt 22,33 €. Wie viel kostet eine Kiste Sternbrunnen? Wie viel Pfand verlangt der Getränkehandel für eine Kiste?
Verwende für die gesuchte Größe die Variablen:
x: Preis einer Kiste Sternbrunnen (in €)
y: Pfand einer Kiste (in €)

a) Florian hat folgendes Gleichungssystem aufgestellt. Erkläre sein Vorgehen.

$$\left| \begin{array}{l} 2x + 2y = 13{,}58 \\ 7x - 2y = 22{,}33 \end{array} \right|$$

b) Begründe anhand des Gleichungssystems, wie man daraus sofort den Preis für 9 Kisten Sternbrunnen entnehmen kann.

c) Löse mit der Idee aus Teilaufgabe b) das Gleichungssystem.

13. Unten siehst du einen Ausschnitt aus Lucas' Heft. Er hat Gleichungssystem mit dem Additionsverfahren gelöst. Beschreibe und erläutere sein Vorgehen. Vervollständige dann die Rechenwege.

a)
$$\left| \begin{array}{l} 2x + 5y = 12 \\ 3x - 5y = -7 \end{array} \right| \oplus$$
$$\left| \begin{array}{l} 5x = 5 \\ 3x - 5y = -7 \end{array} \right| :5$$
$$\left| \; x = 1 \; \right|$$

b)
$$\left| \begin{array}{l} 6x - 2y = 6 \\ -3x + 5y = 9 \end{array} \right| \begin{array}{l} \\ \cdot 2 \end{array}$$
$$\left| \begin{array}{l} 6x - 2y = 6 \\ -6x + 10y = 18 \end{array} \right| \oplus$$
$$\left| \; 8y = 24 \; \right|$$

c)
$$\left| \begin{array}{l} 7x + 2y = 9 \\ 9x + 3y = 12 \end{array} \right| \begin{array}{l} \cdot(-3) \\ \cdot 2 \end{array}$$
$$\left| \begin{array}{l} -21x - 6y = -27 \\ 18x + 6y = 24 \end{array} \right| \oplus$$
$$\left| \; -3x = -3 \; \right|$$

3.6 Sonderfälle beim rechnerischen Lösen

14. Jeweils drei Zettel gehören zum Lösungsweg eines Gleichungssystems. Färbe zusammengehörende Zettel in derselben Farbe.

$\left| \begin{array}{l} \frac{1}{4}x + y = -1 \\ y = -\frac{1}{4}x \end{array} \right|$ $\left| \begin{array}{l} \frac{1}{4}x + y = 0 \\ y = -\frac{1}{4}x \end{array} \right|$ $\left| \begin{array}{l} \frac{1}{2}x + y = 0 \\ y = -\frac{1}{4}x \end{array} \right|$

$\left| \begin{array}{l} 0 = -1 \\ y = -\frac{1}{4}x \end{array} \right|$ $\left| \begin{array}{l} 0 = 0 \\ y = -\frac{1}{4}x \end{array} \right|$ $\left| \begin{array}{l} x = 0 \\ y = 0 \end{array} \right|$ $L = \{(0|0)\}$ $L = \{\ \}$

$L = \{(x|y) | y = -\frac{1}{4}x\}$

15. Bestimme die Lösungsmenge des Gleichungssystems. Verwende bei a) das Gleichsetzungsverfahren, bei b) das Additionsverfahren und bei c) das Einsetzungsverfahren.

a) $\left| \begin{array}{l} 2m = 2n - 8 \\ 2m = 2n - 4 \end{array} \right|$ **b)** $\left| \begin{array}{l} 6x + 3{,}5y = -4 \\ 6x - 3{,}5y = -2 \end{array} \right|$ **c)** $\left| \begin{array}{r} x - 2y = 4 \\ y = x - 6 \end{array} \right|$

16. Ergänze eine passende zweite Gleichung.

a) $\left| \begin{array}{l} -6x + 2y = 2 \\ \_\_\_\_ \end{array} \right|$ $L = \{(x|y) | y = 3x + 1\}$

b) $\left| \begin{array}{l} -6x + 2y = 2 \\ \_\_\_\_ \end{array} \right|$ $L = \{\ \}$

c) $\left| \begin{array}{l} -6x + 2y = 2 \\ \_\_\_\_ \end{array} \right|$ $L = \{(0|1)\}$

3.7 Vermischte Übungen

17. Ermittle die Lösungsmenge zeichnerisch.

a) $\left| \begin{array}{r} -x + 2y = 0 \\ -2x + y + 3 = 0 \end{array} \right|$

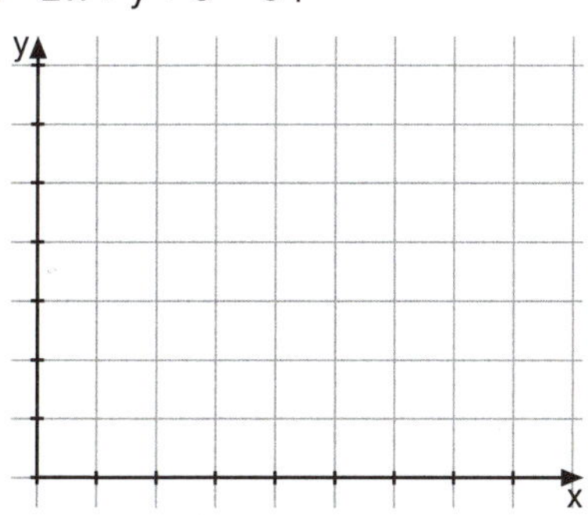

L = ...

b) $\left| \begin{array}{r} 3x + 2y = 3 \\ -x + y = -1 \end{array} \right|$

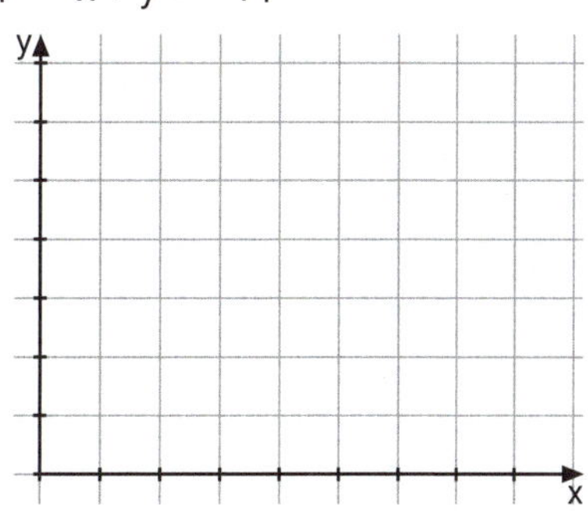

L = ...

c) $\left| \begin{array}{r} 1 - y = 0 \\ x = 2y - 3 \end{array} \right|$

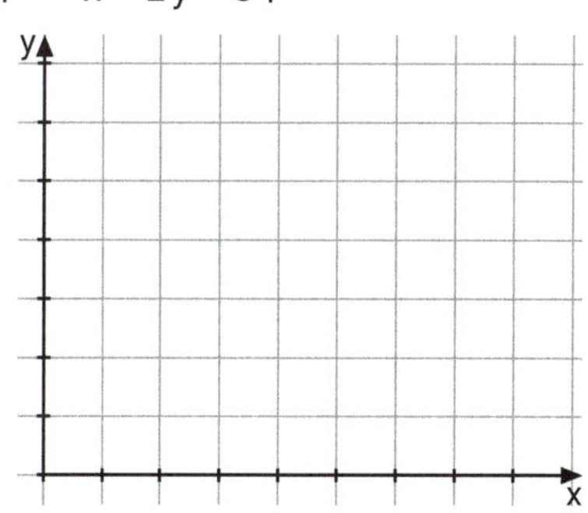

L = ...

18. Welche der Aufgaben können mit dem angegebenen Gleichungssystem gelöst werden? Kreuze an. Ergänze selbst ein Beispiel und ein Gegenbeispiel.

$$\left| \begin{array}{l} x + y = 16 \\ 4x + 8y = 100 \end{array} \right|$$

Aufgabe	Ja	Nein
1. 100 Schüler der 8. Klassen fahren ins Skilager. Für die Übernachtung in der Jugendherberge stehen Vierer- und Achter-Zimmer zur Verfügung. Die Schüler belegen insgesamt 16 Zimmer.		
2. Lisa und John sind zusammen 16 Jahre alt. In diesem Jahr feiert ihre Uroma den 100. Geburtstag. Sie ist 4-mal so alt wie John und 8-mal so alt wie Lisa.		
3. Der Umfang eines Parallelogramms beträgt 32 cm. Vervierfacht man die eine Seitenlänge und verdoppelt die andere, so erhält man ein Parallelogramm mit dem Umfang 100 cm.		
4. Frau Müller verkauft auf dem Markt Obst. Die Tageseinnahmen betragen 100 €. Sie verkauft 16 Kilogramm Obst, darunter Äpfel zum Preis von 4 € pro kg und Himbeeren für 8 € pro kg.		
5. Die Summe zweier Zahlen beträgt 16. Das Produkt der beiden Zahlen und die Summe von 4 und 8 ergeben zusammen 100.		
6. Die Quersumme einer zweistelligen Zahl ist 16. Subtrahiert man von 100 das Vierfache der Zehnerziffer, so erhält man das Achtfache der Einerziffer.		
7. Frau Böhm geht zweimal in der Woche zum Walking. Ihre Tour um den Auensee ist 4 km lang, eine andere Route durch den Auewald ist doppelt so lang. In 16 Tagen legt sie 100 km zurück.		
8. Laura kauft im Sonderangebot zwei Sorten Luftballons: vier große und acht kleine. Insgesamt gibt sie für sechzehn Luftballons 1 € aus.		
9.		
10.		

19. Nachdem Davids Mutter vom Einkaufen zurückkehrt, stellt er ihr folgendes Quiz: „Auf dem Parkplatz eines Discounters stehen Autos und Motorräder. Zusammen sind es 72 Fahrzeuge. Ich habe insgesamt 232 Reifen gezählt. Wie viele Autos und Motorräder befinden sich jeweils auf dem Parkplatz?“

Gleichung 1: ....

Gleichung 2: ....

3.8 Modellieren mithilfe linearer Gleichungssysteme

20. Frau Klein fährt mit ihrem Pkw die 375 km von Kassel nach Cuxhaven mit einer Durchschnittsgeschwindigkeit von 130 km/h. Zur gleichen Zeit startet Herr Groß in seinem Lkw von Hildesheim nach Cuxhaven. Auf der 239 km langen Strecke fährt er durchschnittlich 80 km/h.
Wann und in welcher Entfernung von Kassel holt Frau Klein den Lkw von Herrn Groß ein?

a) Löse die Aufgabe

(1) tabellarisch

Zeit (in h)	Entfernung des Pkw (in km)	Entfernung des Lkw (in km)

(2) grafisch

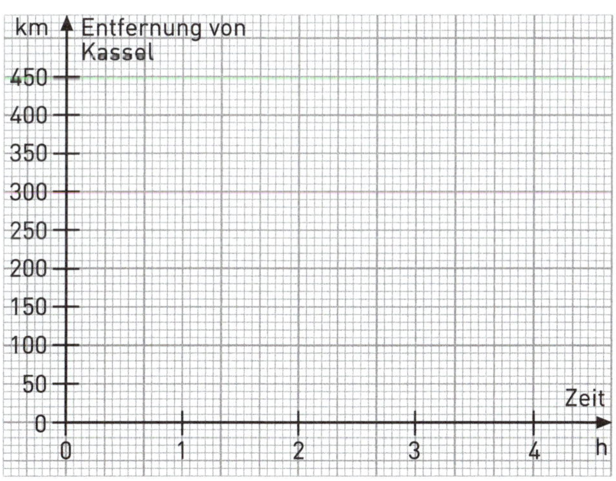

(3) algebraisch

b) Vergleiche die verschiedenen Lösungsmöglichkeiten. Welche Vor- und Nachteile bestehen jeweils?

....

....

c) Sind die Angaben der Aufgabenstellung realistisch? Begründe.

....

....

Bist du kompetent im Argumentieren und Kommunizieren Vergleichen von Tarifen ?

21. Prüfe, welcher der angegebenen Stromtarife günstiger ist. Stelle deine Ergebnisse grafisch dar.

Bestpreis Strom
Mit **Bestpreis Strom** profitieren Sie als privater Haushalt automatisch. Ein Service, bei dem wir Sie in jedem Abrechnungszeitraum anhand Ihres aktuellen Verbrauchs in das für Sie günstigste Preismodell von Bestpreis Strom einstufen.

	Nettopreis	**Bruttopreis**
Stufe 1: 0 bis 1676 kWh		
Arbeitspreis (ct/kWh)	17,04	**20,28**
Grundpreis (€/Monat)	2,35	**2,80**
Stufe 2: 1677 bis 3747 kWh		
Arbeitspreis (ct/kWh)	14,90	**17,73**
Grundpreis (€/Monat)	5,34	**6,35**
Stufe 3: ab 3748 kWh		
Arbeitspreis (ct/kWh)	13,19	**15,70**
Grundpreis (€/Monat)	10,68	**12,71**

Grünstrom Preis
5,86 € Grundpreis/Monat

Für jede kWh zahlen Sie:

	8,00 Cent/kWh	Strompreis
+	**9,63** Cent/kWh	Regiopreis
=	**17,63** Cent/kWh	

(alle Preise inkl. gesetzlicher MwSt.)

22. Recherchiert im Internet und sucht nach günstigen Stromanbietern.
Worauf sollte man achten, wenn man den Stromanbieter wechseln will?

4.1 Zweistufige Zufallsexperimente – Baumdiagramme

1. In einem Glas befinden sich ein gelbes, ein grünes und ein rotes Gummibärchen. Ohne Zurücklegen wird zweimal ein Gummibärchen gezogen.

a) Kennzeichne alle möglichen Ergebnisse farbig.

Ergebnis 1:

Ergebnis 2:

Ergebnis 3:

Ergebnis 4:

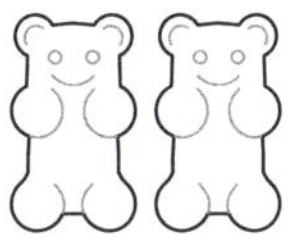

Ergebnis 5:

Ergebnis 6:

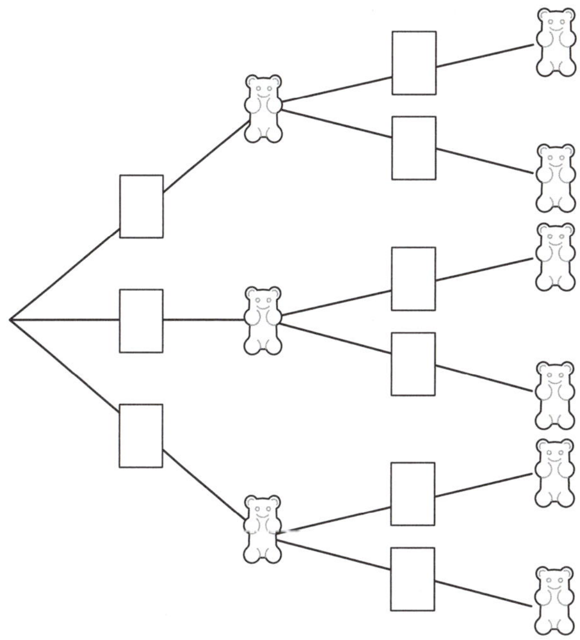

b) Mit Baumdiagrammen lassen sich Zufallsexperimente übersichtlich darstellen. Vervollständige das Baumdiagramm für den Versuch aus Teilaufgabe a). Markiere farbig und trage die Wahrscheinlichkeiten ein.

4.2 Pfadregeln

2. Auf ihrem Heimweg müssen Alexandra und Niklas zwei große Hauptverkehrsstraßen überqueren. Schnell ist ihnen aufgefallen, dass die beiden Ampeln nicht gleich lange Rot- und Grün-Phasen haben. Sie sind neugierig und notieren sich die Zeiten:

	1. Ampel	2. Ampel	Gesamt
Rot	50 s	60 s	110 s
Grün	30 s	30 s	60 s
	80 s	90 s	170 s

a) Ergänze mithilfe der Vierfeldertafel das abgedruckte Baumdiagramm.

b) Ermittle die Wahrscheinlichkeiten für die folgenden drei Ereignisse:

E_1: Beide Ampeln sind grün.

E_2: Eine Ampel ist rot, die andere grün.

E_3: Mindestens eine rote Ampel.

$P(E_1)$ = ...

$P(E_2)$ = ...

$P(E_3)$ = ...

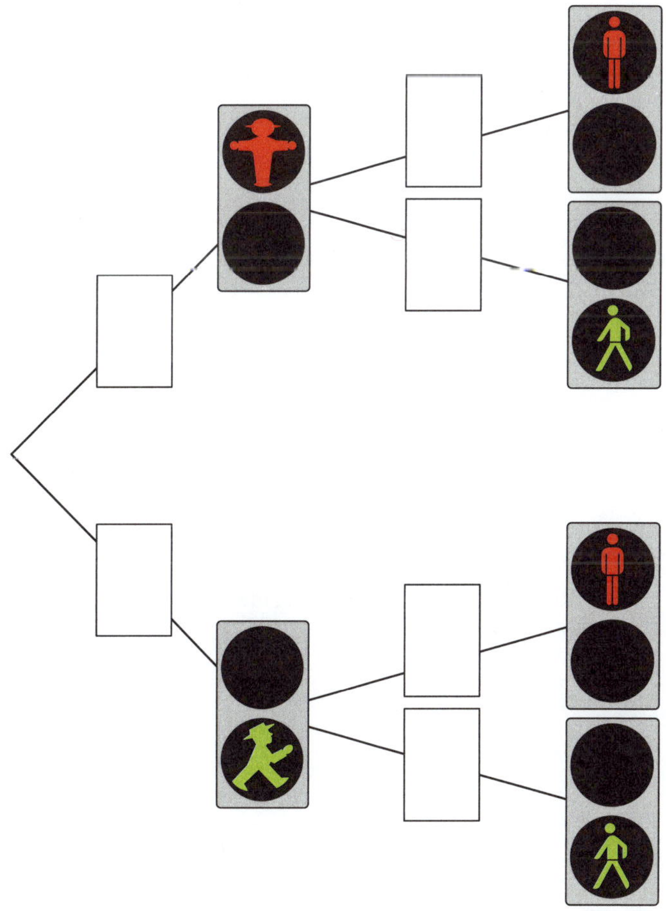

1. Ampel *2. Ampel*

3. a)

In Glas 1 befinden sich 4 rote und 1 gelbes Gummibärchen.
Nacheinander werden zwei Gummibärchen entnommen und sofort gegessen.

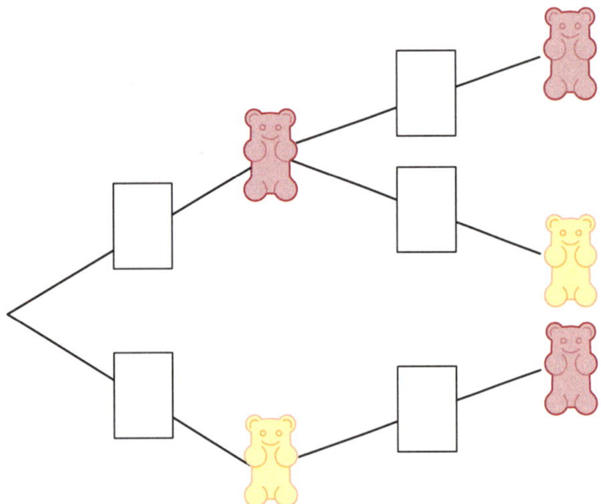

(1) Ergänze die fehlenden Wahrscheinlichkeiten im Baumdiagramm.

(2) Ordne den Ereignissen E_1, E_2 und E_3 die passende Wahrscheinlichkeit zu.

E_1: ein gelbes Gummibärchen

E_2: kein gelbes Gummibärchen

E_3: mindestens ein rotes Gummibärchen

	$\frac{3}{5}$
$P(E_1) =$	$\frac{1}{5}$
$P(E_2) =$	1
$P(E_3) =$	$\frac{2}{5}$
	0

(3) In Aufgabe (2) sind zwei Wahrscheinlichkeiten übrig geblieben. Gib für beide ein passendes Ereignis an.

....

....

b)

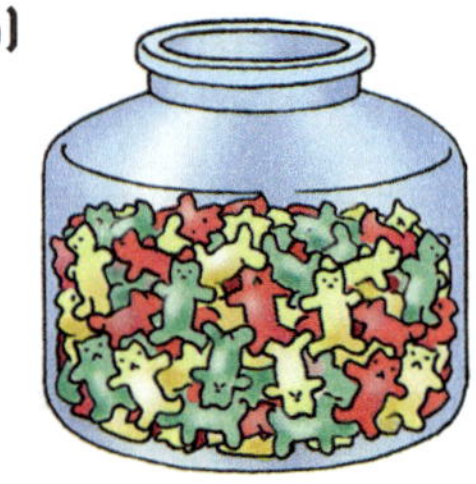

In Glas 2 befinden sich rote, grüne und gelbe Gummibärchen.
Nacheinander werden zwei Gummibärchen mit einer Pinzette entnommen und zurückgelegt.

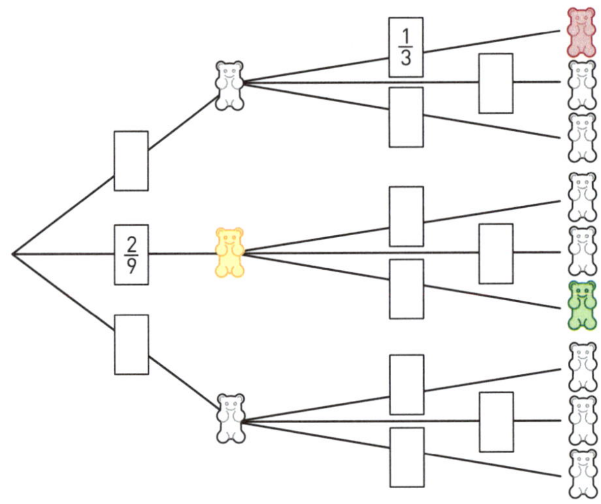

(1) Vervollständige das Baumdiagramm.

(2) Wie viele Gummibärchen von jeder Farbe befinden sich mindestens im Glas?

....

(3) Ermittle die Wahrscheinlichkeit der Ereignisse E_4, E_5 und E_6.

E_4: zwei Gummibärchen gleicher Farbe

$P(E_4) =$ ....

$E_5 = \overline{E_4}$: ....

$P(E_5) =$ ....

E_6: mindestens ein gelbes Gummibärchen

$P(E_6) =$ ....

4. *„Fairwürfelt"* – Ein Spiel für zwei Personen

Fertigt die drei EFRON-Würfel nach der Anleitung des Bastelbogens an.
Es kann hilfreich sein, den Würfeln Farben zuzuordnen.

Spielregeln:

- Ein Spieler wählt einen der drei EFRON-Würfel aus.
- Der Mitspieler wählt einen der übrig gebliebenen Würfel aus.
- Jeder Spieler wirft seinen Würfel einmal.
- Sieger der Runde ist der Spieler mit der höheren Augenzahl.

a) Spielt dieses Spiel in allen drei Varianten für jeweils 50 Runden. Notiert die Ergebnisse.

	Würfel 1 gegen Würfel 2		Würfel 2 gegen Würfel 3		Würfel 1 gegen Würfel 3	
	Würfel 1	Würfel 2	Würfel 2	Würfel 3	Würfel 1	Würfel 3
Anzahl gewonnener Runden						
relative Häufigkeit zu gewinnen						

b) *Welcher Würfel ist der günstigste?*

Frauke und Stefan spielen das Spiel. Frauke ist sauer: „Ich will nicht mehr als Erste einen Würfel aussuchen. Als erster Spieler verliert man immer!" Stefan holt tief Luft: „Wieso?"

„Na weil sich der zweite Spieler immer einen besseren Würfel aussuchen kann und dann gewinnt." Stimmt Fraukes Behauptung? Beschreibe deinen Eindruck beim Spielen.

....

....

c) Gib die Wahrscheinlichkeiten für die Augenzahlen an.

	Würfel 1		Würfel 2		Würfel 3	
Augenzahl (A)	1	4	2	6	3	5
P(A)						

d) Im Baumdiagramm rechts ist das Spiel **Würfel 1 gegen Würfel 2** dargestellt. Ergänze die Wahrscheinlichkeiten an den Pfaden. Markiere die Pfade, die zu den Ereignissen E1 und E2 gehören. Berechne dann die Wahrscheinlichkeiten mithilfe der Pfadregeln.

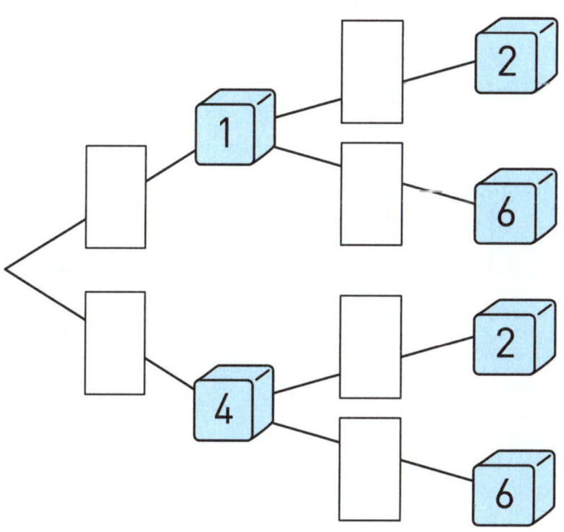

E_1: Würfel 1 gewinnt

P(E1) = ...

E2: Würfel 2 gewinnt

P(E2)= ....

Fortsetzung der Aufgabe auf der nächsten Seite

e) Zeige oder widerlege:

(1) Würfel 2 gewinnt gegen Würfel 3 mit einer Wahrscheinlichkeit von $\frac{1}{3}$.

(2) Würfel 3 gewinnt gegen Würfel 1 mit einer Wahrscheinlichkeit von $\frac{5}{9}$.

Würfel 2 gegen Würfel 3:

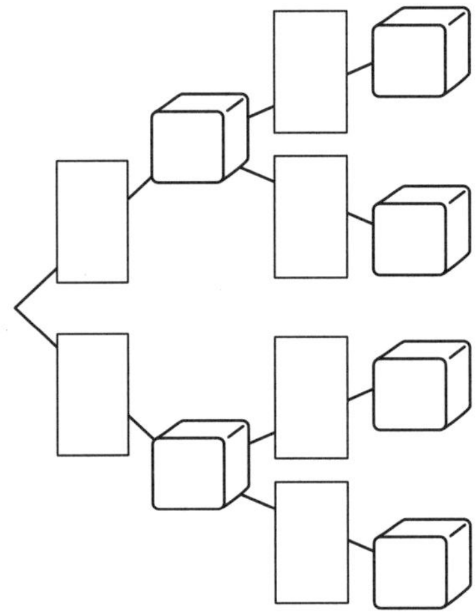

Würfel 3 gegen Würfel 1:

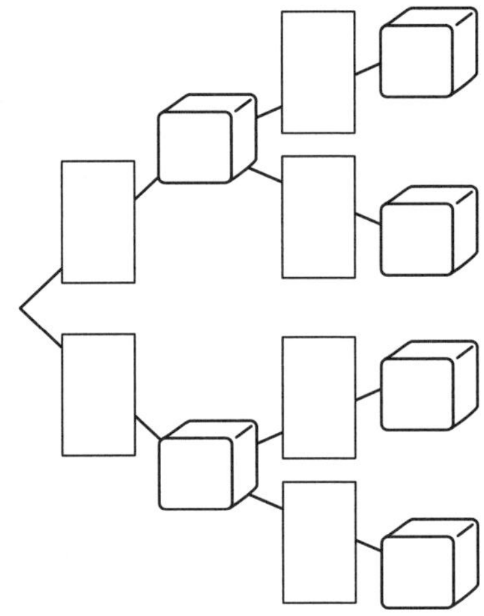

f) Nimm Stellung zu Fraukes Behauptung, dass man als erster Spieler *immer* verliert.
„Wenn mein Mitspieler den Würfel 1 nimmt, dann nehme ich ...

g) Anregung: Du kannst auch mit Mitschülern gemeinsam untersuchen, welche Siegchancen ein normaler Würfel gegen die drei EFRON-Würfel hat.
Erstellt ein Plakat.

4.3 Streuung bei Häufigkeitsverteiluungen - Boxplots

5. Bei einem Gesellschaftsspiel wird nicht mit einem, sondern mit zwei Würfeln gleichzeitig gewürfelt. Das Erscheinen gleicher Augenzahlen auf beiden Würfeln bezeichnet man als Pasch. Vor dem Starten vom Startfeld muss man einen Pasch würfeln. Dazu erhält man höchstens zwei Versuche. Bestimme die Wahrscheinlichkeit, dass man bei zwei Versuchen starten kann

a) durch Simulation mit einem Rechner

b) mithilfe eines Baumdiagramms.

5.1 Quadratwurzeln

5.1.1 Einführung der Quadratwurzeln

1. Setze das passende Zeichen >, < oder = ein.

a) $\sqrt{36}$ ☐ 6 **c)** -8 ☐ $\sqrt{64}$ **e)** $\frac{1}{\sqrt{4}}$ ☐ $\sqrt{\frac{1}{4}}$ **g)** $\sqrt{\sqrt{16}}$ ☐ 4 **i)** $\frac{3}{12}$ ☐ $\frac{1}{\sqrt{16}}$

b) $\sqrt{2}$ ☐ 1,4 **d)** $-\sqrt{4}$ ☐ -4 **f)** $\sqrt{62\,500}$ ☐ 50 **h)** $\sqrt{1{,}44}$ ☐ 0,12 **j)** $\sqrt{(-1)^2}$ ☐ 1

2. Färbe Felder mit gleichen Ergebnissen in der gleichen Farbe.

$\sqrt{1\,000}$	$\sqrt{\frac{1}{10} \cdot \frac{1}{10}}$	$\sqrt{\sqrt{2^8}}$	$\sqrt{10\,000}$	2^2	$\sqrt{100} : 10^2$	$\sqrt{\sqrt{0{,}001}}$
$\sqrt{\frac{1}{100}}$	$\sqrt{2^4}$	$\sqrt{100^2}$	$\sqrt{\sqrt{\frac{1}{10^4}}}$	$\sqrt{10 \cdot 1\,000}$	$\sqrt{\sqrt{16^2}}$	$\frac{1}{10}$
$\sqrt{4 \cdot 4}$	$25 \cdot \sqrt{16}$	$\sqrt{\frac{1}{100}}$	$\sqrt{10}$	$\sqrt{0{,}01}$	$\sqrt{\frac{10^5}{10}}$	$\sqrt{\sqrt{256}}$
$\sqrt{\sqrt{0{,}0001}}$	$2 \cdot 2$	$\sqrt{25} \cdot 20$	$\sqrt{\frac{1}{150} + \frac{1}{300}}$	$\sqrt{100 \cdot 100}$	$\sqrt{4^4}$	$\sqrt{\frac{1}{10^2}}$
$\sqrt{4}$	$1 : \sqrt{100}$	$\sqrt{16}$	$\sqrt{10^4}$	$\sqrt{4^2}$	$\sqrt{\frac{1}{\sqrt{10^4}}}$	$\sqrt{8}$

5.1.2 Näherungwerte von Quadratwurzeln

3. Ein Schreiner hat quadratische Holzbretter mit den folgenden Flächeninhalten hergestellt. Schätze die jeweilige Seitenlänge ab.

a) 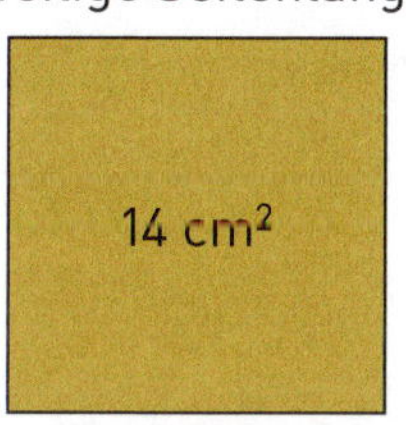

....

b) 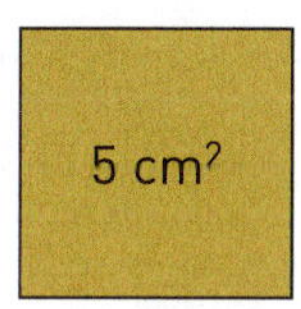

....

5.1.3 Irrationale Zahlen

4. Berechne die Wurzeln (näherungsweise). Kennzeichne die rationalen Zahlen im Kästchen mit einem (r) und die irrationalen Zahlen mit einem (i).

a) $\sqrt{289}$ .... ☐ **c)** $\sqrt{\frac{36}{81}}$ .... ☐ **e)** $\sqrt{1{,}21}$ .... ☐

b) $-\sqrt{7}$ .... ☐ **d)** $\sqrt{0{,}2}$ .... ☐ **f)** $\sqrt{\frac{18}{36}}$ .... ☐

5.2 Reelle Zahlen

5. Trage die Zahlen auf der Zahlengerade ein. Manche Zahlen können nur geschätzt werden.

a) $-\sqrt{4}$ **c)** $\sqrt{2}$ **e)** $\sqrt{0}$ **g)** $-\sqrt{0{,}5}$

b) $\sqrt{3}$ **d)** $\sqrt{2{,}25}$ **f)** $-\sqrt{0{,}0625}$ **h)** $\sqrt{0{,}16}$

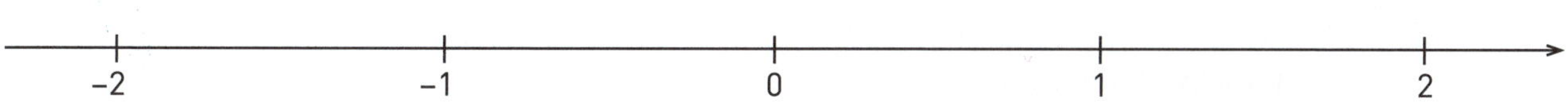

6. a) Gib drei irrationale Zahlen an, die zwischen den beiden rationalen Zahlen –1 und 1 liegen.

....

b) Gib eine rationale Zahl an, die zwischen den beiden irrationalen Zahlen 0,120012000120001... und 0,1201200120001... liegt. ....

5.3 Intervallhalbierungsverfahren

7. Bestimme mit dem Intervallhalbierungsverfahren einen Näherungswert für $\sqrt{31}$, dessen erste Nachkommastelle gesichert ist.

untere Näherungszahl	obere Näherungszahl	Mittelwert n^2	n^2

5.4 Rechenregeln für Quadratwurzeln und ihre Anwendung

8. Prüfe, welche Aufgabe korrekt gelöst wurde. Die Buchstaben der korrekt gelösten Aufgaben ergeben in der richtigen Reihenfolge ein Lösungswort.

A	$\sqrt{1{,}21} \cdot \sqrt{100}$ $= \sqrt{1{,}21 \cdot 100} = \sqrt{121}$ $= 11$	R	$\sqrt{2} \cdot \sqrt{405} = \sqrt{2 \cdot 405}$ $= \sqrt{810} = 90$	E	$\sqrt{\frac{1}{4}} \cdot \sqrt{\frac{72}{2}} = \sqrt{\frac{1}{4}} \cdot \sqrt{36}$ $= \sqrt{\frac{36}{4}} = \sqrt{9} = 3$
L	$\sqrt{576} : \sqrt{4} = \sqrt{576 : 4}$ $= \sqrt{144} = 12$	M	$\sqrt{64} \cdot \sqrt{4} = 8 \cdot 2 = 16$	N	$\sqrt{(-3) \cdot (-27)} \cdot \sqrt{-1}$ $= \sqrt{-81} = 9$
S	$\sqrt{\frac{0{,}36}{0{,}9}} = \frac{\sqrt{0{,}36}}{\sqrt{0{,}9}}$ $= \frac{0{,}6}{0{,}3} = 2$	T	$\sqrt{180} + \sqrt{16} = \sqrt{180 + 16}$ $= \sqrt{196} = 14$	P	$\sqrt{64} \cdot \sqrt{4} = \sqrt{64 \cdot 4}$ $= \sqrt{256} = 16$

Lösungswort: ....

9. Vervollständige die Rechenmauern.

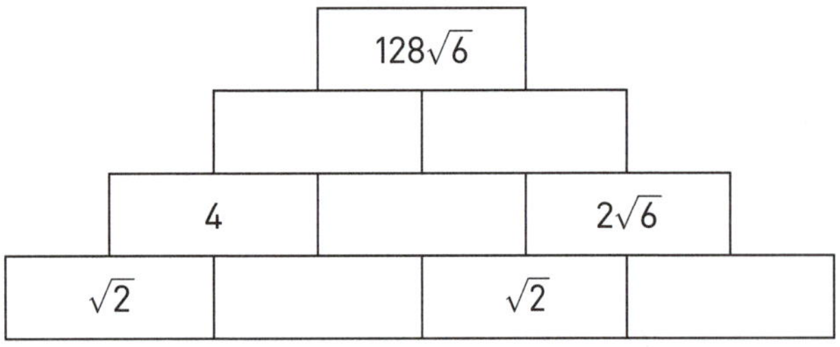

Multiplikationsmauer

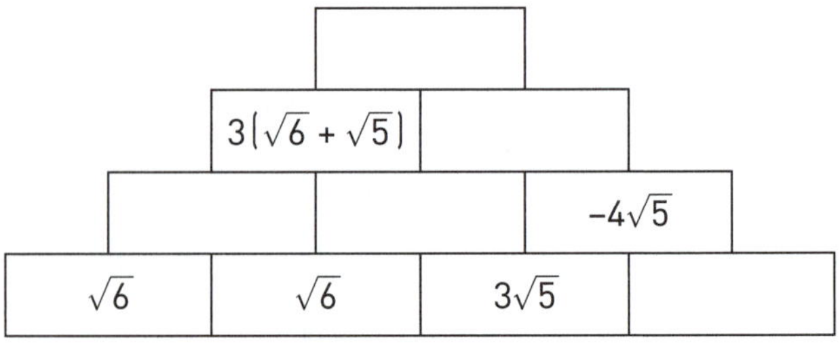

Additionsmauer

10. Ergänze ein Rechenzeichen.

a) $\sqrt{64}$ .... $\sqrt{36} = 48$
$\sqrt{9}$ .... $\sqrt{4} = 6$
$\sqrt{18}$ .... $\sqrt{8} = \sqrt{2}$
$\sqrt{18}$ .... $\sqrt{\frac{1}{8}} = \frac{3}{2}$

b) $\sqrt{64}$ .... $\sqrt{36} = 14$
$\sqrt{\frac{1}{4}}$ .... $2 \cdot \sqrt{\frac{1}{9}} = \frac{1}{3}$
$\sqrt{18}$ .... $\sqrt{8} = 12$
$\frac{3}{\sqrt{18}}$ .... $\frac{2}{\sqrt{8}} = \sqrt{2}$

c) $\sqrt{64}$ .... $\sqrt{36} = 2$
$\sqrt{9}$ .... $\sqrt{4} = 5$
$\sqrt{18}$ .... $\sqrt{8} = \frac{3}{2}$
$\frac{12}{\sqrt{18}}$ .... $\sqrt{8} = 0$

d) $\sqrt{64}$ .... $\sqrt{36} = \frac{4}{3}$
$\sqrt{3}$ .... $\sqrt{\frac{3}{4}} = 2$
$\sqrt{18}$ .... $\sqrt{8} = 5\sqrt{2}$
$\frac{1}{\sqrt{18}}$ .... $\sqrt{8} = \frac{1}{12}$

5.5 Anwenden der Wurzelgesetze auf Terme mit Variablen

11. Sind die Umformungen wahr (w) oder falsch (f)? Korrigiere gegebenenfalls den Fehler.

	Umformung	**w**	**f**	**Korrektur**
a)	$\sqrt{-9x^2} = -3x$			
b)	$\sqrt{(-9x)^2} = 3x$			
c)	$(\sqrt{9x})^2 = 3x^2$			
d)	$\sqrt{9x} + \sqrt{9x} = \sqrt{18x}$			
e)	$\sqrt{9x} \cdot \sqrt{9x} \cdot \sqrt{9x} \cdot \sqrt{9x} = 81x^2$			
f)	$\sqrt{(9-x)^2} = 3 - x$			

12. Kennzeichne die Felder farbig, deren Quadrat x ergibt. Es gilt $x > 0$.

$2 \cdot \sqrt{\frac{x}{4}}$	$4 \cdot \sqrt{\frac{x}{2}}$	$(\sqrt{x})^2$	$\sqrt{\frac{x}{16}} - \frac{5}{4}\sqrt{x}$
$\frac{1}{9}\sqrt{3 \cdot x}$	$\sqrt{(\sqrt{2x} - \sqrt{x})(\sqrt{2x} + \sqrt{x})}$	$\frac{9}{\sqrt{3}} \cdot \sqrt{\frac{x}{27}}$	$\sqrt{(\sqrt{2x} - \sqrt{x})^2}$
$\sqrt{(\sqrt{2x} + \sqrt{x})^2}$	$\frac{3}{x}\sqrt{\frac{x^3}{9}}$	$\frac{1}{13}\sqrt{169x}$	$\frac{9}{\sqrt{81}}\sqrt{x^2}$
$\frac{5}{4}\sqrt{x} - \sqrt{\frac{x}{16}}$	$\sqrt{2x} - \sqrt{x}$	$\frac{3}{\sqrt{9}} \cdot \frac{\sqrt{x}}{\sqrt{27}}$	$\frac{1}{3} \cdot \sqrt{3^2 x}$

13. Multipliziert man zwei nebeneinander stehende Terme, so erhält man den Term für den darüberstehenden Mauerstein. Fülle die Rechenmauer rechts aus. Es gilt $x > 0$ und $y > 0$.

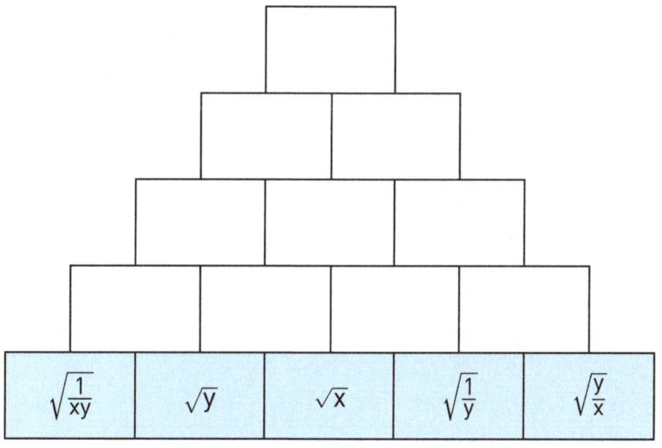

14. Für diese Seite benötigst du die Würfel von dem Bastelbogen in der Mitte des Heftes. Schneide die Netze zunächst aus und stelle daraus die Würfel her.

a) Wähle jeweils zwei der drei gelben Würfel. Würfle mit beiden Würfeln gleichzeitig und multipliziere die beiden Würfel-Ergebnisse. Notiere die Aufgabe hier und löse sie. Wiederhole das noch neunmal; du kannst vor jedem Wurf die Würfel neu wählen.

b) Es soll wieder zehnmal mit jeweils zwei der drei gelben Würfel gewürfelt werden. Jetzt aber werden die Würfel-Ergebnisse dividiert. Notiere auch hier die Aufgaben und löse sie.

c) Verwendet für dieses Spiel die blauen Würfel. Multipliziert die erwürfelten Terme und sucht das Ergebnis in der Tabelle unten und färbe das Feld. Wer zuerst alle Felder gefärbt oder ein vorher festgelegtes Muster erzielt hat, hat gewonnen.

$\sqrt{\frac{y}{x^2}}$	1	$\sqrt{x^3}$	$\sqrt{xy^3}$	y
$\sqrt{\frac{y}{x}}$	$\frac{y}{x}$	$\sqrt{x^2y}$	$\sqrt{\frac{1}{y}}$	$\sqrt{\frac{x}{y^2}}$
xy	$\sqrt{\frac{1}{x}}$	$\sqrt{yx}$	$\frac{x}{y}$	$\sqrt{\frac{x}{y}}$
x	$\sqrt{x^3y}$	$\sqrt{y^3}$	xy	$\sqrt{y^2x}$

d) Bei diesem Spiel wird dividiert. Wählt wieder vor jedem Wurf zwei blaue Würfel aus. Legt fest, mit welchem Würfel der Dividend und mit welchem der Divisor bestimmt wird. Sprecht ab, ob ihr diese Festlegung vor oder nach jedem Wurf treffen wollt. Die Felder mit den erhaltenen Ergebnissen könnt ihr dann wieder in der Tabelle färbe.
Hinweis: In der Tabelle kommen nicht alle möglichen Divisionsergebnisse vor.

1	$\frac{1}{y^2}$	$\frac{\sqrt{x}}{y}$	$\frac{1}{x\sqrt{xy}}$	$\frac{1}{\sqrt{y}}$
$\frac{x}{y}$	$\frac{1}{x\sqrt{x}}$	$\frac{1}{y\sqrt{x}}$	$\sqrt{y}$	$\sqrt{x}$
$\frac{\sqrt{y}}{x}$	$\sqrt{\frac{y}{x}}$	$\frac{1}{x\sqrt{y}}$	$\frac{1}{y\sqrt{y}}$	$\frac{1}{xy}$
$\frac{1}{\sqrt{x}}$	$\frac{1}{y\sqrt{xy}}$	$\frac{x}{\sqrt{y}}$	$\frac{1}{x^2}$	$\sqrt{\frac{x}{y}}$

5.6 Umformen von Wurzeltermen

15. Vereinfache. Die Buchstaben der Lösung ergeben in der richtigen Reihenfolge ein Lösungswort.

a) Klammere aus.

- $10\sqrt{3} + 4\sqrt{3} - 6\sqrt{3} =$
- $\sqrt{12y} - \sqrt{5y} =$
- $x\sqrt{y} - \sqrt{y} =$

b) Multipliziere aus.

- $\sqrt{3x} \cdot (\sqrt{3x} + 3) =$
- $(\sqrt{x} + \sqrt{y}) \cdot \sqrt{xy} =$
- $(\sqrt{x} + \sqrt{y})^2 =$
- $(\sqrt{\sqrt{x}} - y)^2 =$

c) Faktorisiere.

- $\sqrt{16x^2 + 8xy + y^2} =$

I	$\sqrt{y}(x - 1)$
L	$\|4x + y\|$
O	$x\sqrt{y} + y\sqrt{x}$
R	$8\sqrt{3}$
S	$x + xy$
N	$x + 2\sqrt{xy} + y$
A	$\sqrt{x} - 2\sqrt{\sqrt{x}y} + y^2$
T	$3x + 3\sqrt{3x}$
A	$(2\sqrt{3} - \sqrt{5})\sqrt{y}$
D	$x(3x + y)$

Lösungswort:

16. Beseitige die Wurzeln im Nenner.

a) $\frac{6}{\sqrt{5}} = \frac{6 \cdot}{\sqrt{5} \cdot}$ = ______

b) $\frac{\sqrt{3}}{\sqrt{7}}$ = ______ = ______

c) $\frac{\sqrt{2}}{5 + \sqrt{2}}$ = ______ = ______

d) $\frac{2 + \sqrt{3}}{2 - \sqrt{3}}$ = ______ = ______

e) $\frac{4 + \sqrt{x}}{\sqrt{x}}$ = ______ = ______

f) $\frac{\sqrt{x} + \sqrt{y}}{\sqrt{x} - \sqrt{y}}$ = ______ = ______

5.7 Vergleich der Zahlbereiche $\mathbb{N}$, $\mathbb{Q}_+$, $\mathbb{Q}$ und $\mathbb{R}$

17. Beschrifte das Mengendiagramm vollständig und trage die folgenden Zahlen ein.

$\frac{7}{19}$	$-1{,}\overline{23}$	$-\sqrt{9}$	2,468101214...	$\sqrt{27}$	0	$\sqrt{16}$
$-\sqrt{\frac{4}{25}}$	$\sqrt{0{,}49}$	$-\sqrt{0{,}47}$	$5{,}7\overline{081}$	$\sqrt{49}$	$-\sqrt{4}$	$-0{,}9804$

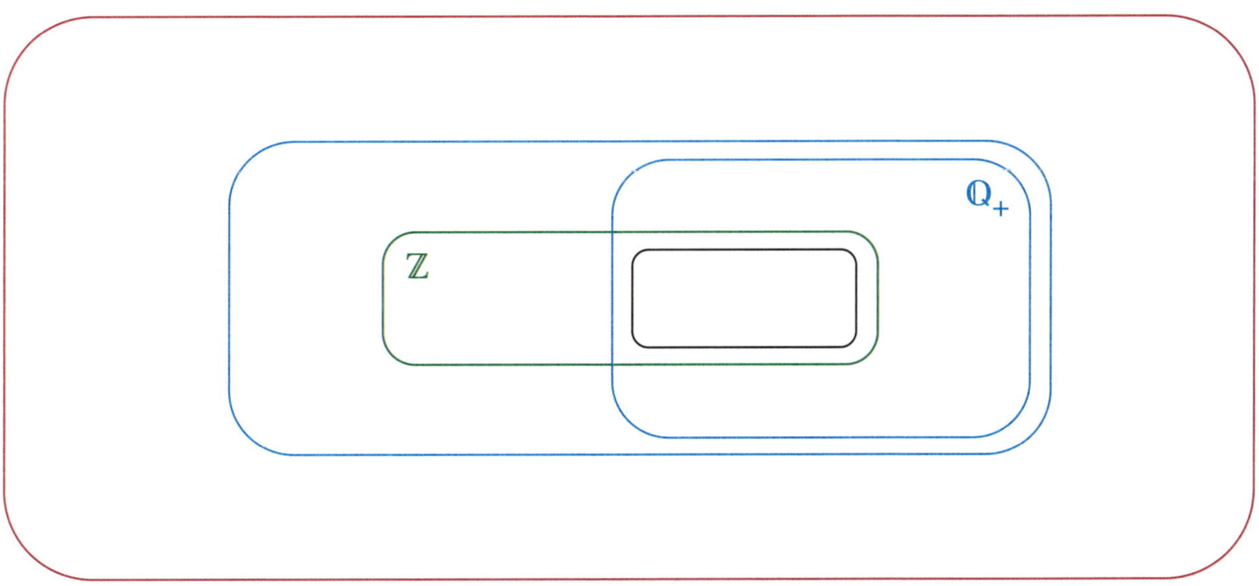

Bist du fit im Umgang mit reellen Zahlen Quadratwurzeln?

18. Die beiden größeren Quadrate (links und rechts) sind auf unterschiedliche Art aus den beiden kleinen Quadraten mit der Seitenlänge 1,5 cm entstanden.

a) Kennzeichne Strecken oder Flächen farbig, um das Zerlegen und Umordnen zu veranschaulichen.

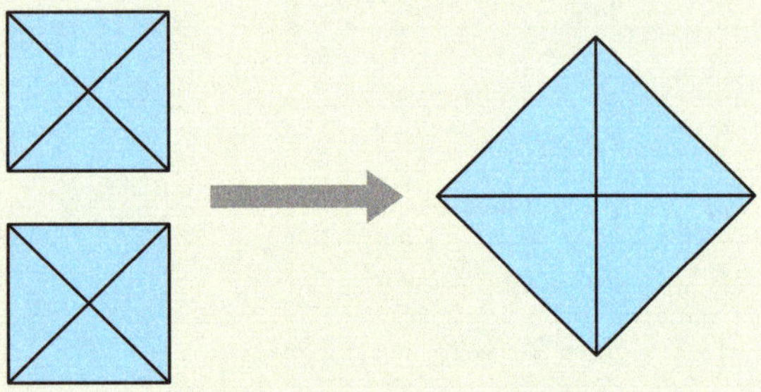

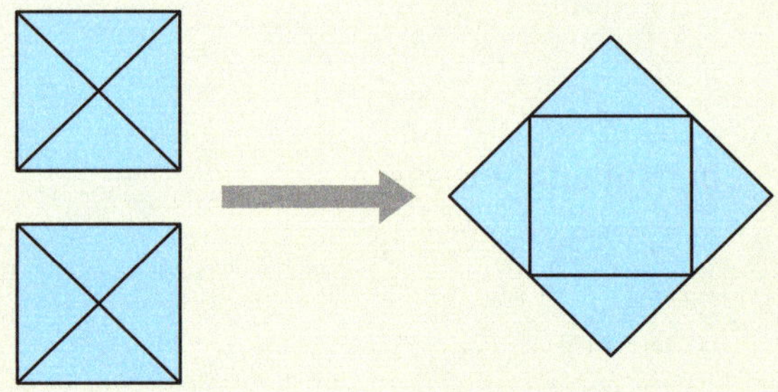

b) Gib den Flächeninhalt der großen Quadrate an. Bestimme die Seitenlänge durch Messen und Rechnen.

c) Verallgemeinere nun und setze die Variable a für die Seitenlänge der kleinen Quadrate. Erstelle damit eine Formel für die Seitenlänge der großen Quadrate.

19. Kreuze an, zu welchen Mengen die jeweilige Zahl gehört.

		$\mathbb{N}$	$\mathbb{Z}$	$\mathbb{Q}_-$	$\mathbb{Q}_+$	$\mathbb{R}$	$\mathbb{R}\setminus\mathbb{Q}$
a)	17,7777777...						
b)	–5						
c)	0						
d)	$\frac{1}{3}$						
e)	$0{,}232\overline{113}$						
f)	$\sqrt{2}$						
g)	$\frac{18}{3}$						
h)	$-12{,}\overline{2}$						
i)	2,1212212221...						
k)	$\sqrt{100}$						

20. Vereinfache soweit wie möglich.

a) $\sqrt{\frac{a^2}{9}} =$

b) $(\sqrt{x} - \sqrt{z})(\sqrt{x} + \sqrt{z}) =$

c) $\sqrt{4b^2 + 12b + 9} =$

d) $\sqrt{\frac{1}{25}(x - y)^2} =$

e) $\sqrt{2a} \cdot \sqrt{8a} =$

f) $\sqrt{x}(\sqrt{x} - \sqrt{9x}) =$

g) $\sqrt{\frac{6}{a}} \cdot \sqrt{\frac{a^2}{24}} =$

h) $\sqrt{200x^3} : \sqrt{2x} =$

i) $\sqrt{\frac{3x^2}{y}} : \sqrt{\frac{y^3}{48}} =$

j) $2\sqrt{x} + \sqrt{18x} =$

6.1 Umfang eines Kreises

1. Schätze den Umfang der abgebildeten Kreise zuerst und trage deine Schätzung in die Tabelle ein. Kontrolliere dann, indem du den Umfang zuerst mithilfe einer Schnur misst und ihn anschließend aus dem Radius berechnest.

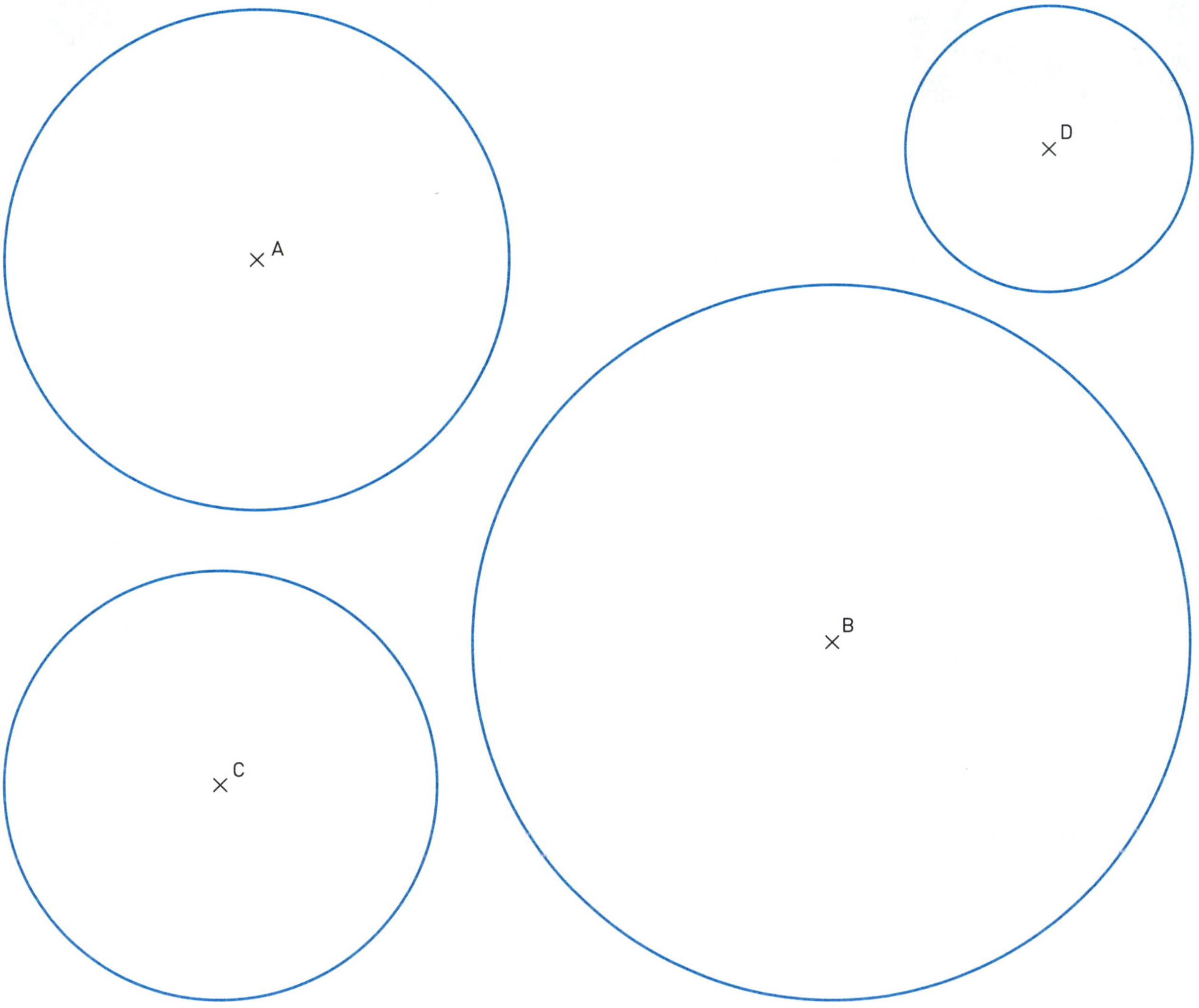

Umfang	A	B	C	D
geschätzt	u ≈	u ≈	u ≈	u ≈
gemessen	u =	u =	u =	u =
berechnet	r =	r =	r =	r =
	u =	u =	u =	u =

2. Ein Fahrradtachometer besteht aus einem Display, einem Sensor und einem Magneten. Der Sensor misst die Anzahl der Umdrehungen des Speichenmagneten an einer Speiche. Mithilfe des Radumfangs berechnet der Tachometer die zurückgelegte Strecke. Der Tachometer funktioniert also nur richtig, wenn der Radumfang korrekt eingestellt ist.

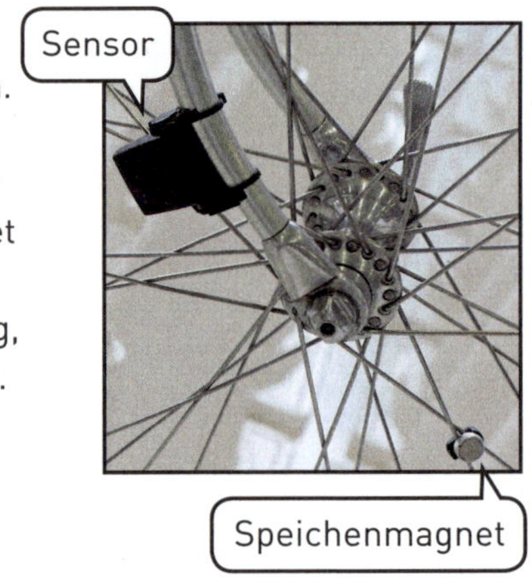

a) Vervollständige die hier beschriebene Methode.
Man dreht das Vorderrad so, dass sich z. B. das Ventil ganz unten befindet. Nun legt man ein Maßband beim Ventil beginnend an und ....

....

....

b) Vervollständige die Angaben in der Tabelle. Beachte 1 Zoll ≈ 2,54 cm.

Fahrradtyp	Durchmesser der Felge (in Zoll)	Durchmesser der Felge (in Meter)	Durchmesser des Rades bei einer Reifendicke von ca. 4 cm (in Meter)	Radumfang (in Meter)
Kinderrad	20			
Jugendrad	24			
Mountainbike		0,66		
Tourenrad			0,79	

c) Mit der Zeit fährt sich das Profil vor allem bei Mountainbike-Reifen ab.
Welche Auswirkungen hat das auf die Entfernungsanzeige des Tachometers? Kreuze an.

- ☐ Der angezeigte Wert ist zu groß.
- ☐ Der angezeigte Wert ändert sich kaum, weil der Einfluss zu gering ist.
- ☐ Das Profil spielt keine Rolle.
- ☐ Der angezeigte Wert ist zu klein.

d) Ein neuer MTB-Reifen hat 0,8 cm Profil bei 0,74 m Durchmesser.

Berechne die Veränderungen des Umfangs, wenn die Profiltiefe nur noch 3 mm beträgt.

u_1 = ... u_2 = ...

Welche Auswirkungen hat das auf die Tachometeranzeige bei einer Tour über 80 km?

6.2 Flächeninhalt eines Kreises

3. Schätze den Flächeninhalt der hier abgebildeten Kreise und trage deine Schätzung in die Tabelle ein. Kontrolliere dann, indem du den Flächeninhalt berechnest.

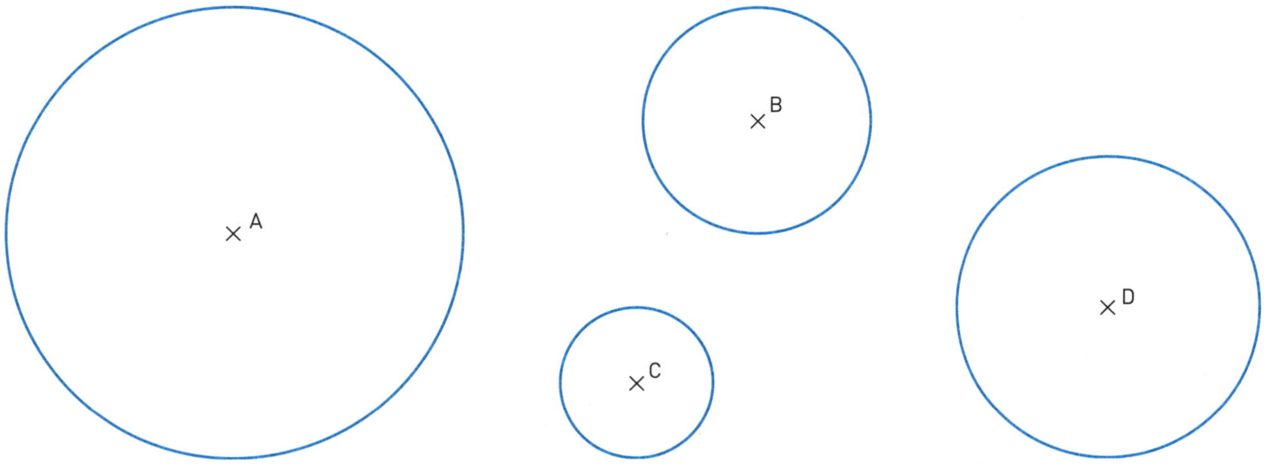

Flächeninhalt	A	B	C	D
geschätzt				
berechnet	r = A ≈	r = A ≈	r = A ≈	r = A ≈

4. Entscheide, ob die Aussage wahr oder falsch ist.

		w	f
a)	Halbiert man den Durchmesser eines Kreises, so halbiert sich auch sein Radius.		
b)	Vergrößert man den Radius eines Kreises, so vergrößert sich auch der Flächeninhalt.		
c)	Verdoppelt man den Radius eines Kreises, so verdoppelt sich der Flächeninhalt.		
d)	Vergrößert man den Umfang eines Kreises, so vergrößert sich auch der Flächeninhalt.		
e)	Verdoppelt man den Umfang eines Kreises, so verdoppelt sich der Flächeninhalt.		

6.3 Kreisausschnitt und Kreisbogen

5. Mit sogenannten Sektorenregnern lässt sich einstellen, welcher Kreisausschnitt beregnet bzw. bewässert werden soll. Dazu lässt sich sowohl der Mittelpunktswinkel als auch die „Wurfweite" einstellen.

(1) Mittelpunktswinkel 60°; Wurfweite 10 m

(2) Mittelpunktswinkel 45°; Wurfweite 5 m

(3) Mittelpunktswinkel 210°; Wurfweite 7,5 m

Der Sektorenregner steht in Punkt A. Zeichne die unterschiedlichen Kreissektoren in verschiedenen Farben ein.
Berechne die Größe der jeweils beregneten Fläche.

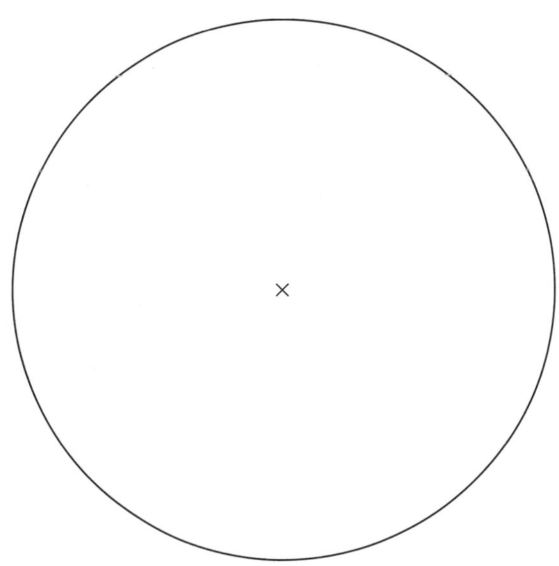

6.4 Netz und Oberflächeninhalt eines Prismas

6. a) Schreibe die Namen der fehlenden Körper in die Tabelle. Ordne dann die Körper 3 bis 20 zu. Gibt es Körper, die du nicht zuordnen kannst?

Name	Quader	Pyramide					
Körper	1,	2,					

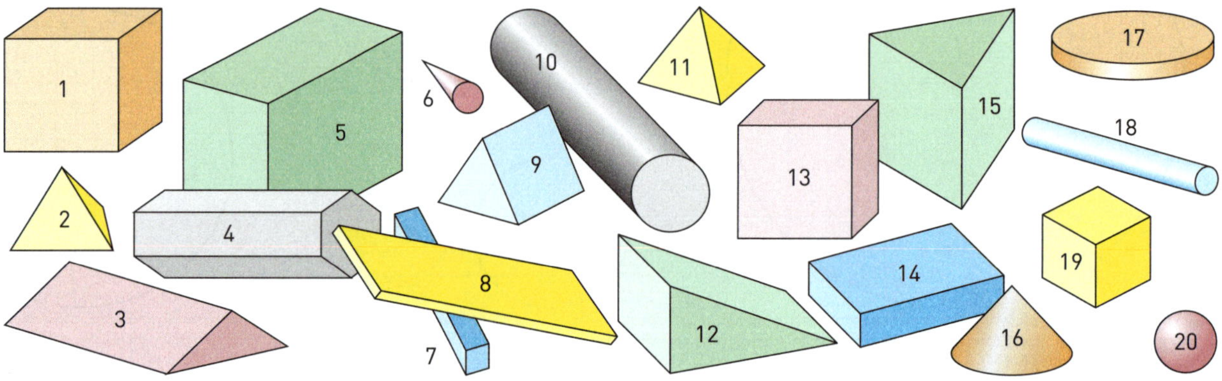

b) Bestimme die Anzahl der Flächen, Kanten und Ecken der genannten Körper.

Körper	Anzahl der Flächen	Anzahl der Ecken	Anzahl der Kanten
2			
5			
12			
18			

c) Ermittle diejenigen Körper, die neun Kanten haben. Gibt es auch Körper mit fünf Kanten?

7. a) Streiche alle Körper durch, die kein Prisma darstellen. Färbe bei den Prismen die beiden Grundflächen farbig.

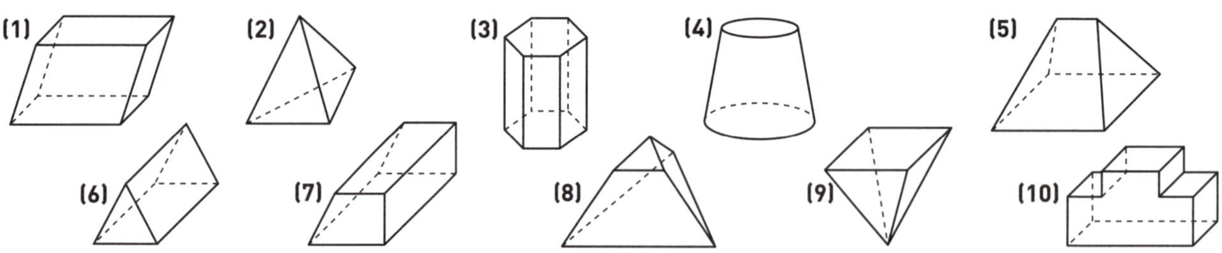

b) Wahr oder falsch? Kreuze an und überlege Dir eine Begründung.

Aussage	w	f	Aussage	w	f
Jedes Prisma hat mindestens zwei zueinander parallele Flächen.			Jedes Prisma hat mindestens zwei zueinander parallele Seitenflächen.		
Ein Prisma mit sechseckiger Grundfläche hat fünf Begrenzungsflächen.			Jedes Prisma hat eine rechteckige Grundfläche.		
Jedes Prisma ist ein Quader.			Prisma (6) hat 9 Kanten und 6 Ecken.		
Prisma (7) hat 12 Ecken und 8 Kanten.			Jeder Würfel ist ein Prisma.		

8. Immer eine Seite fehlt zu einem vollständigen Netz. Ergänze farbig.

a)

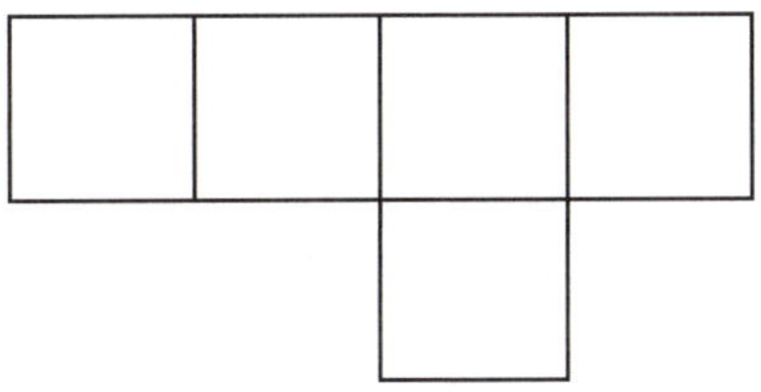

b)

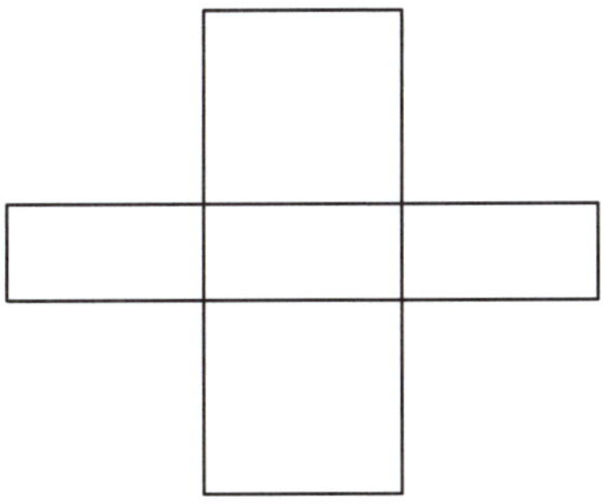

c)

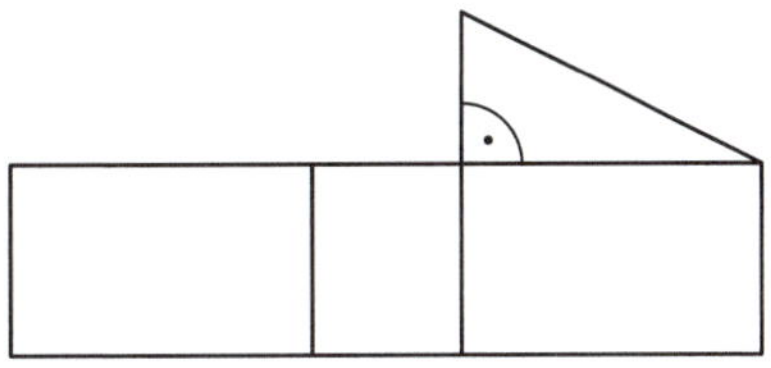

d)

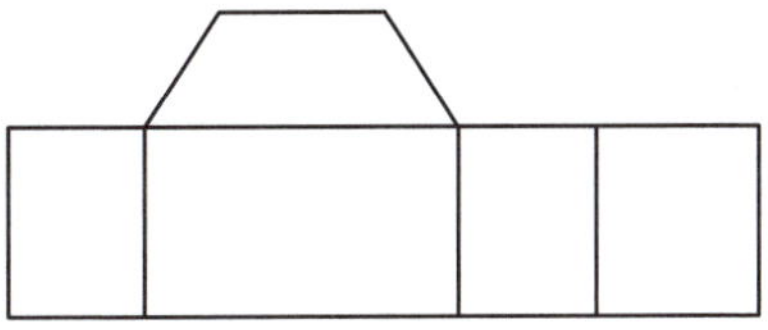

e)

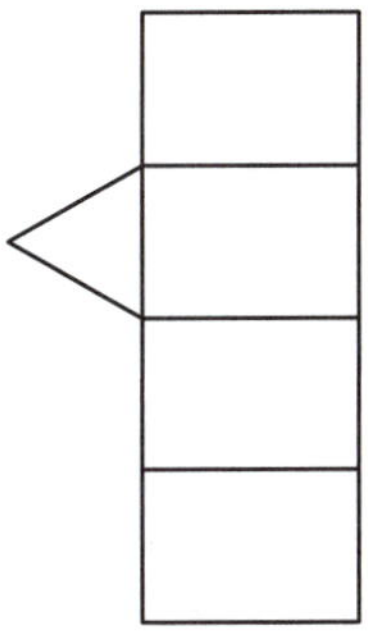

f)

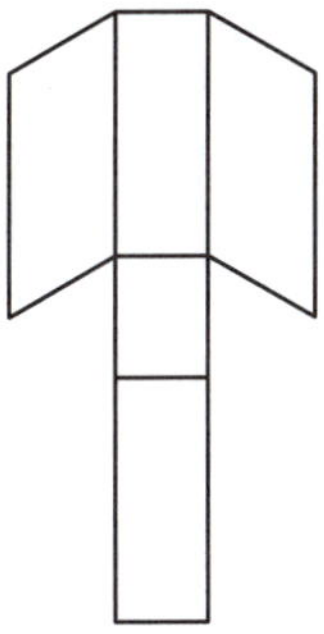

9. Beim Falten der Körpernetze entsteht ein Prisma.

a) Färbe die beiden Grundflächen mit derselben Farbe.

b) Markiere alle Kanten und Ecken, die beim Falten zusammentreffen mit derselben Farbe.

(1)

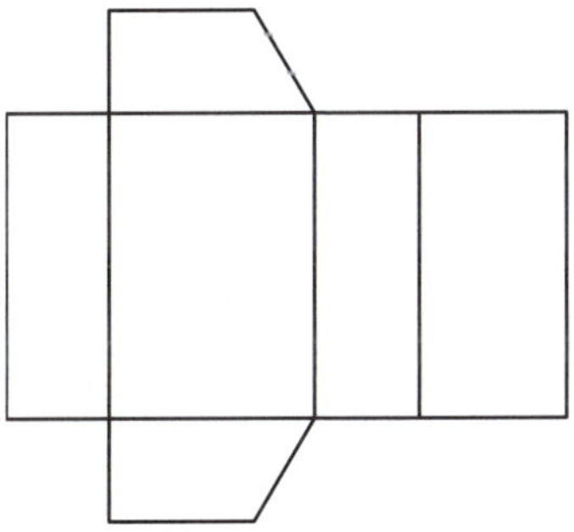

(2)

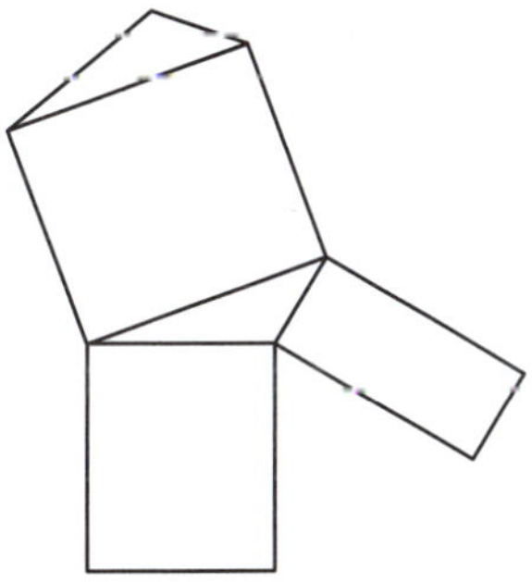

(3)

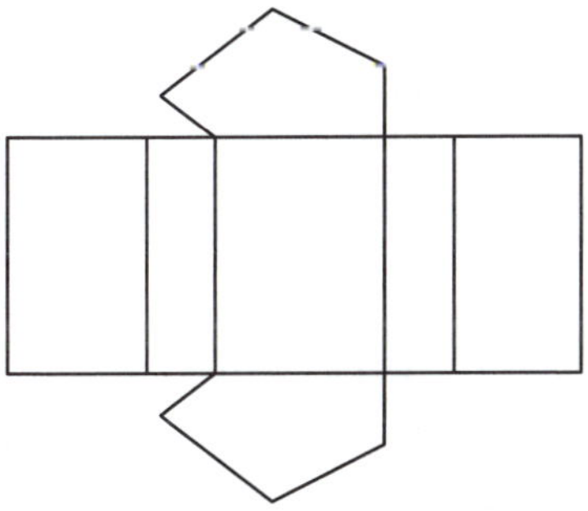

10. Vervollständige die Zeichnung und die Tabelle. Miss die benötigten Seitenlängen in der Zeichnung.

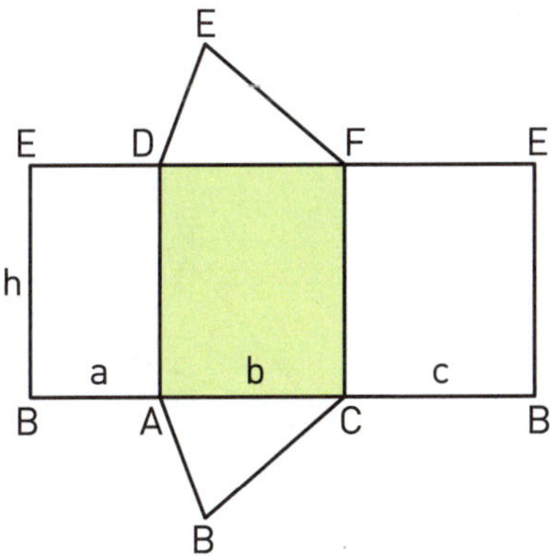

Bezeichnung der Seitenfläche	Farbe	Formel des Flächeninhalts	Berechnung des Flächeninhalts
ABED			
	gelb		
		$A_3 = b \cdot$	
ABC = DEF			
gesamter Oberflächeninhalt	bunt	O =	

6.5 Schrägbild eines Prismas

11. Vervollständige zu Schrägbildern von Prismen. Zeichne verdeckte Kanten gestrichelt.

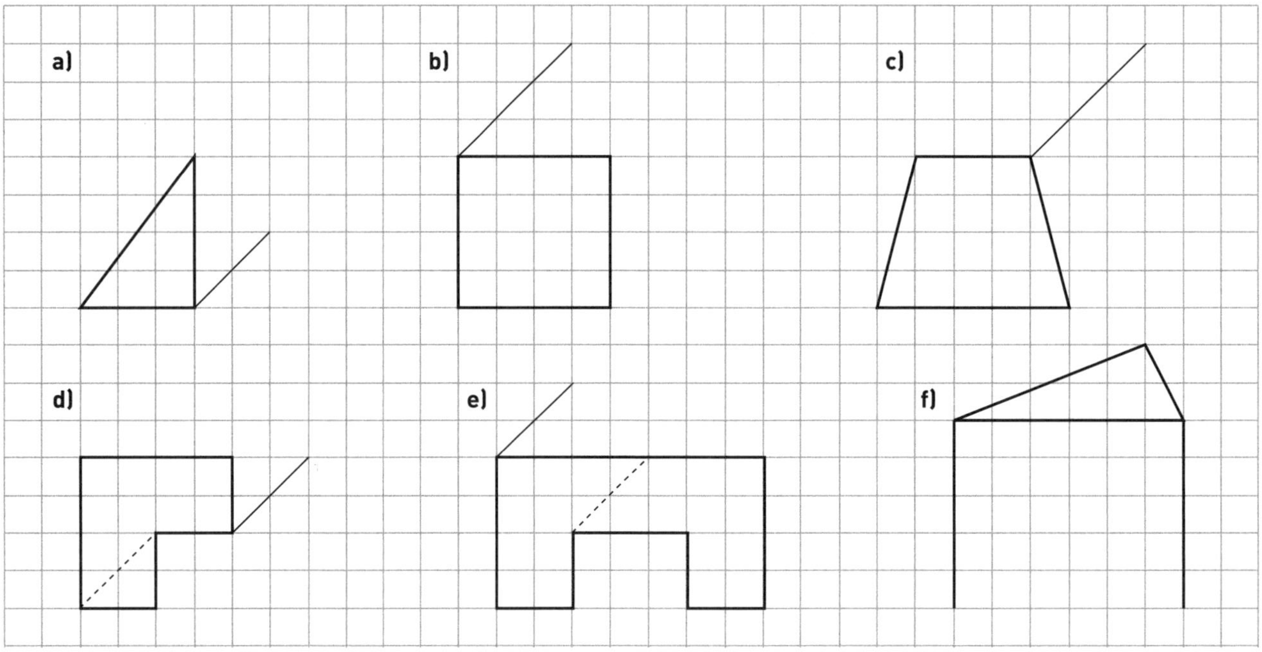

12. Diese unvollständigen Schrägbilder gehören zu zusammengesetzten Körpern, die Prismen enthalten. Vervollständige. Achte auf verdeckte Kanten.

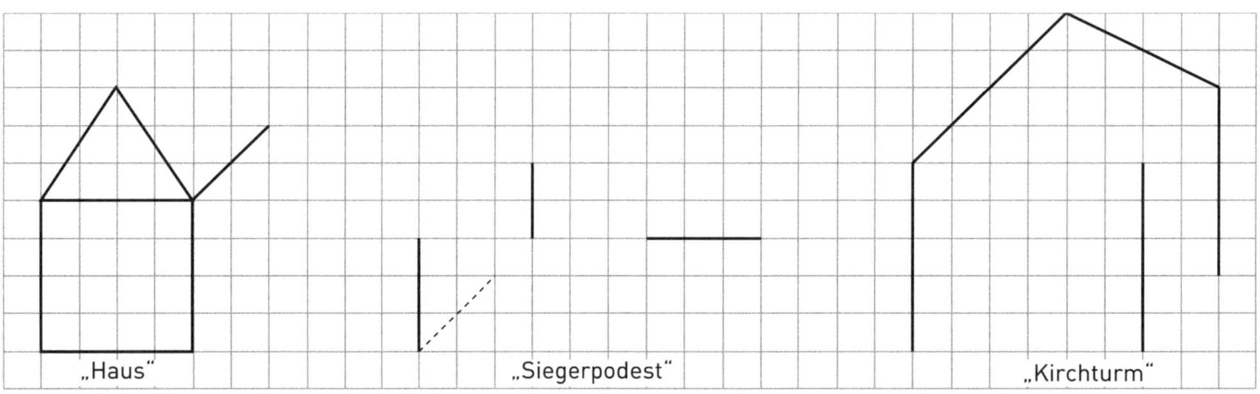

13. a) Markiere gleiche Eckpunkte und gleiche Kanten im Schrägbild und im Netz jeweils mit derselben Farbe.

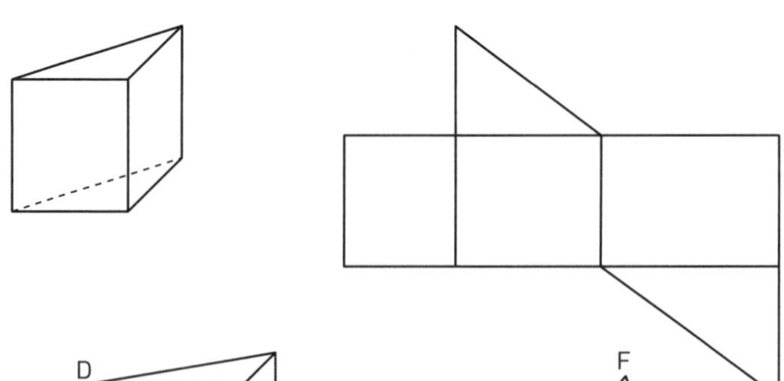

b) Vervollständige die Beschriftung ABCDEF an jeder Ecke so, dass Schrägbild und Netz zueinander passen.

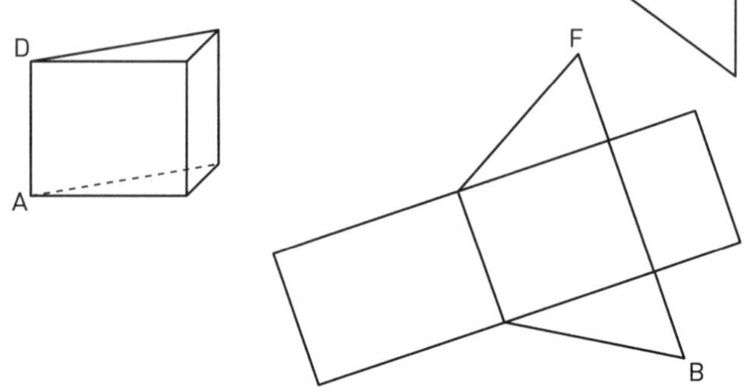

6.6 Volumen eines Prismas

14. Hier siehst du sechs Grundflächen von Prismen. Alle Prismen haben die gleiche Höhe h_p.
Welche Volumenformel passt zu welchem Prisma? Färbe mit derselben Farbe. Achtung, zwei blinde Passagiere sind dabei!

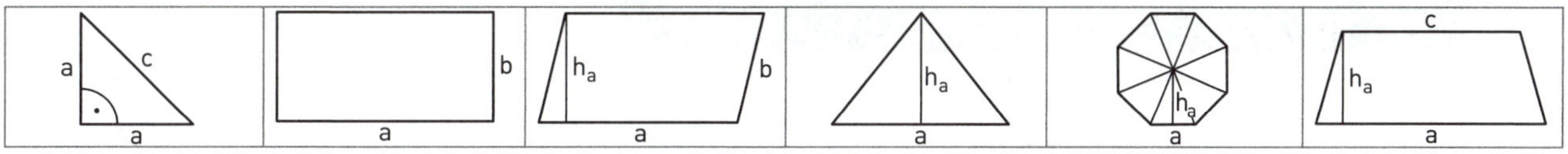

$V = \frac{a+c}{2} \cdot h_a \cdot h_p$	$V = a \cdot h_a \cdot h_p$	$V = a \cdot b \cdot c \cdot h_p$	$V = 2 \cdot a \cdot h_a \cdot h_p$	$V = 4 \cdot a \cdot h_a \cdot h_p$	$V = \frac{a \cdot a}{2} \cdot h_p$	$V = \frac{a \cdot h_a}{2} \cdot h_p$	$V = a \cdot b \cdot h_p$

15. Berechne den Oberflächeninhalt und das Volumen des im Schrägbild dargestellten Körpers.
Der Verkürzungsfaktor ist $\frac{1}{2}$. Entnimm fehlende Maße der Zeichnung.

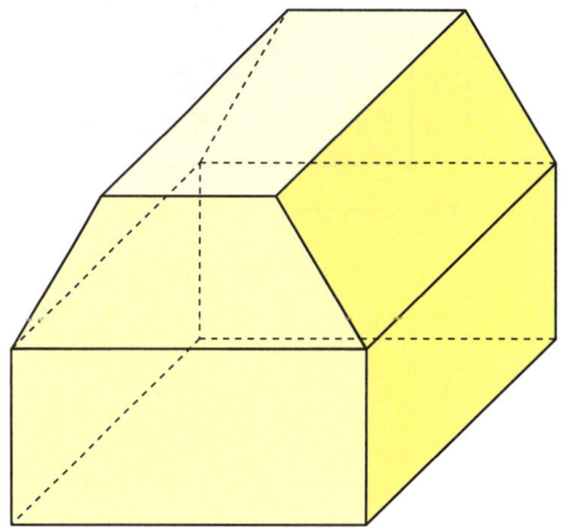

16. Unten siehst du fünf Prismen mit verschiedenen Grundflächen. Alle Prismen haben ein Höhe von 50 cm. In jedes Prisma wird nun jeweils ein Liter Wasser gefüllt. Zeichne den Wasserstand für jedes Prisma ein.

a)	b)	c)	d)	e)
Grundfläche Quadrat	Grundfläche Dreieck	Grundfläche Rechteck	Grundfläche rechtwinkliges Dreieck	Grundfläche Parallelogramm

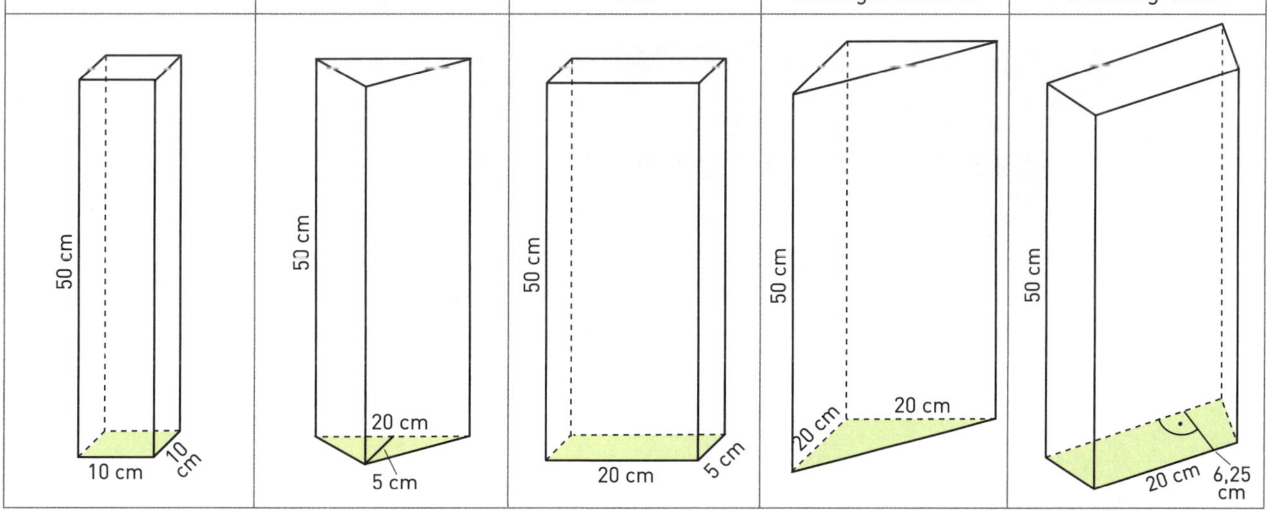

17. Ein Lieferant von Container-Mulden gibt deren Größen an. Kontrolliere, ob diese zutreffen können. Du musst dazu auch dem Foto Maße entnehmen.

a)

ContainerService

Mulde mit Deckel

7,0 m³

Gewicht ca. 950 kg
Länge 3,60 m
Breite 1,80 m
Höhe 1,80 m

b)

ContainerService

Mulde offen

5,0 m³

Gewicht ca. 730 kg
Länge 3,10 m
Breite 1,70 m
Höhe 1,80 m

6.7 Zylinder – Netz und Oberflächeninhalt

18. Vervollständige jeweils zum Netz eines Zylinders.

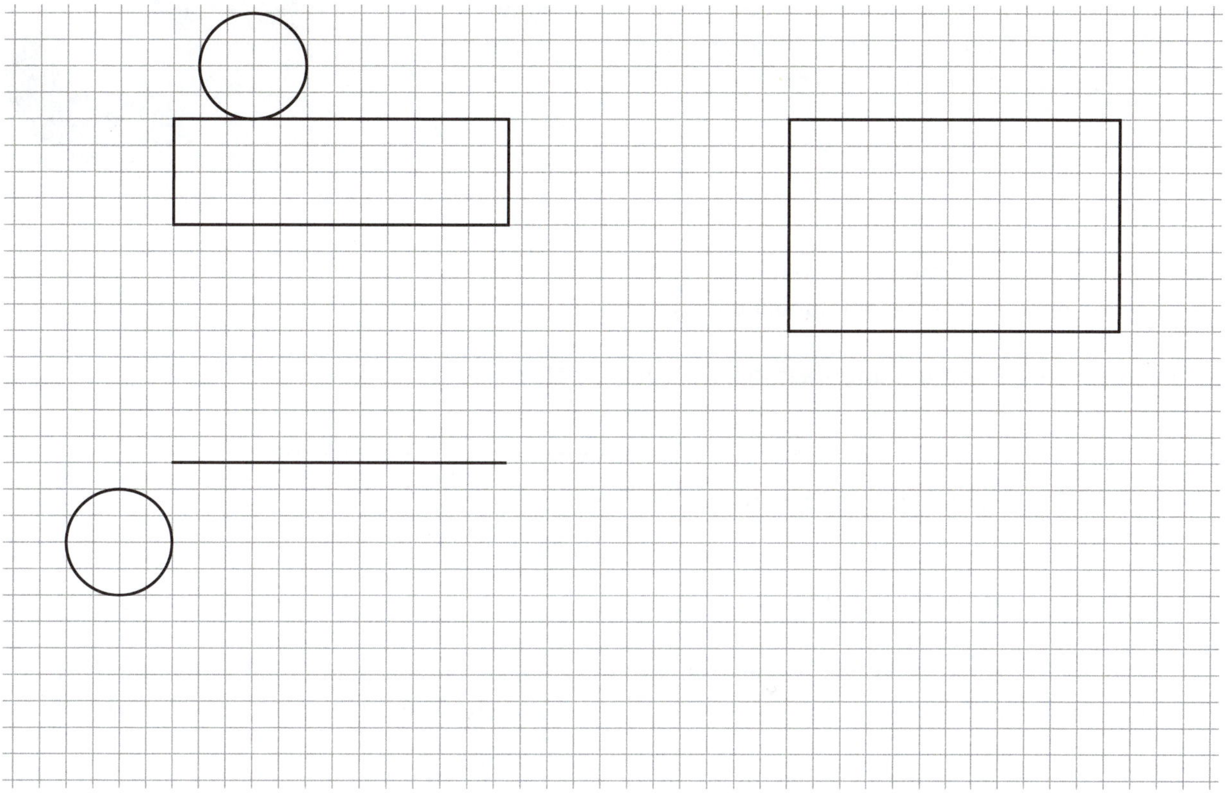

19. a) Berechne Grundflächeninhalt, Mantelflächeninhalt und Oberflächeninhalt des Zylinders.
Findest du gleichgroße Flächen? Färbe sie in der gleichen Farbe.
Für den Oberflächeninhalt kannst du den Zylinder in der entsprechenden Farbe einkreisen.

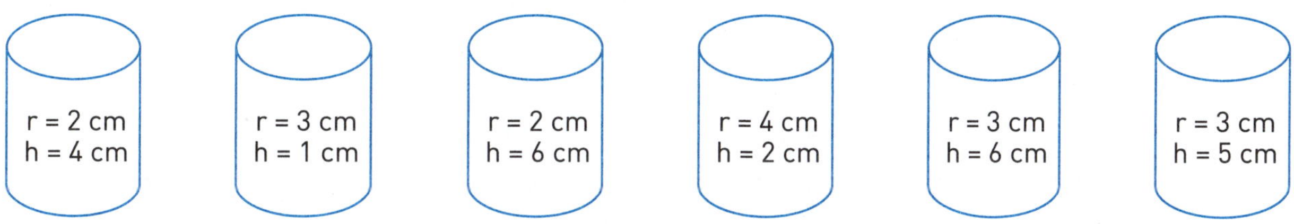

G =	G =	G =	G =	G =	G =
M =	M =	M =	M =	M =	M =
O =	O =	O =	O =	O =	O =

b) Kannst du an den Angaben von Radius und Höhe direkt erkennen, ob Grundfläche, Mantelfläche oder Oberfläche zweier Zylinder gleich groß sind, ohne die Flächeninhalte zu berechnen?
Begründe deine Aussage.

20. *Experiment*

Du brauchst: 1 Blatt DIN - A4, Schere und Klebstoff.
Schneide von dem DIN - A4-Blatt längs zwei gleich breite Streifen. Nimm diese Streifen und klebe sie zu zwei Ringen zusammen. Nun klebe die beiden Ringe an einer Stelle im rechten Winkel aufeinander. Stell dir vor, du zerschneidest die beiden Ringe jetzt in der Mitte.

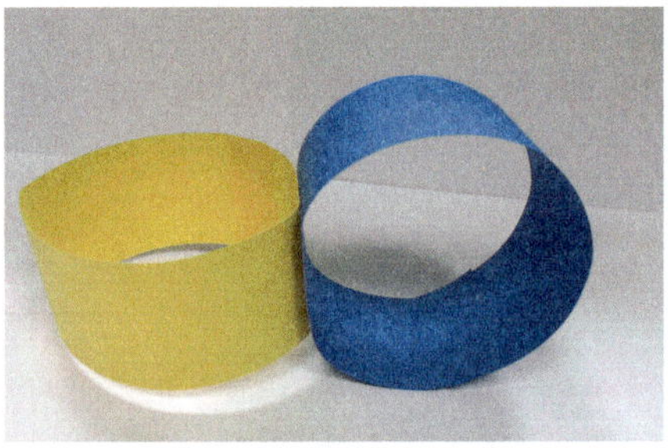

(1) Welche Figur wirst du erhalten?

Vermutung: ....

(2) Schneide die zusammengeklebten Ringe in der Mitte auseinander. Zeichne die entstandene Figur auf.

(3) Findest du eine Begründung, dass diese Figur entsteht? ....

....

(4) Falte die Figur wieder zu den Ringen zurück.

6.8 Schrägbild des Zylinders

21 a) Vervollständige zum Schrägbild eines Zylinders. mit dem Radius 2 cm und der Höhe 3 cm.

b) Zeichne das Schrägbild eines Zylinders, der einen Radius von 3 cm und eine Höhe von 4 cm hat.

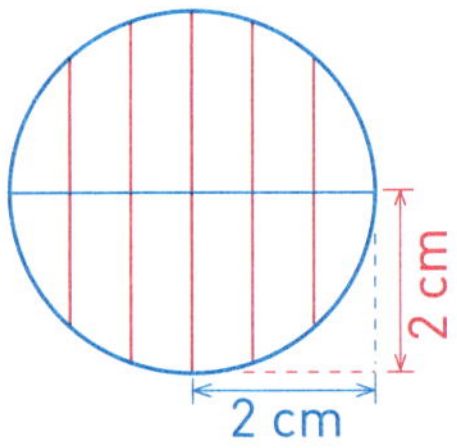

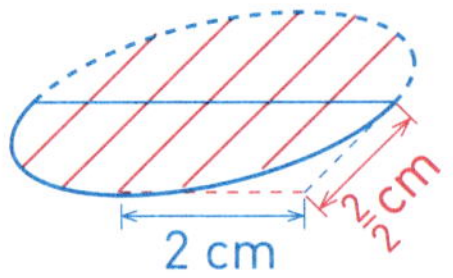

6.9 Volumen des Zylinders

22. *Experiment*

Du brauchst: 1 Blatt DIN - A4 Fotokarton oder stärkeres Papier, Schere, Klebeband, Reis oder Erbsen, ein flaches Gefäß.
Schneide ein Blatt Fotokarton so durch, dass zwei DIN - A5-Blätter entstehen. Klebe danach eine Hälfte an der Längsseite, die andere an der kurzen Seite wie in der Abbildung zusammen.
Vergleiche die Volumina der beiden Zylinder.

a) Schätze zuerst.

b) Fülle danach einen Zylinder vollständig mit Reis oder Erbsen. Fange diese Füllmenge mit einem Gefäß auf und gieße diese in den zweiten Zylinder. In welchen Zylinder passt mehr?

Bestätige dein Ergebnis durch die Berechnung der Volumina der beiden Zylinder.

23. Suche zu jeder Aufgabe die passende Lösung. Markiere mit der gleichen Farbe.

1. Ein Eishockeypuck hat einen Durchmesser von 7,4 cm und eine Höhe von 2,5 cm. Wie viel Hartgummi wird für die Herstellung eines Pucks verwendet?

2. Das Volumen einer Kaffeedose beträgt 1 765 cm^3. Die Höhe der Dose ist 20 cm. Der Inhalt der Grundfläche ist ...

größer als 8 cm

683 cm^2

88 cm^2

177 cm^2

4. Eine zylinderförmige Zierkerze hat eine Höhe von 7 cm und einen Durchmesser von 15 cm. Ermittle den Inhalt der Grundfläche, das Volumen der Kerze und ihren Oberflächeninhalt.

3. Eine Kippstange für Slalomrennen beim Inlineskaten hat die Form eines Hohlzylinders. Die Grundfläche der Stange beträgt 200 mm^2, das Volumen 350 cm^3. Wie lang ist eine solche Slalomstange?

1,75 m

108 cm^3

1 237 cm^3

5. Ein Messzylinder (h = 25,5 cm; r = 2,5 cm) ist bis zum Rand mit Wasser gefüllt. Das Wasser wird in einen Messbecher umgeschüttet. Welchen Durchmesser muss der Messbecher haben, wenn er nur 10 cm hoch ist?

24. Ein Schlagzeug besteht aus einem Set verschiedener Instrumente: Kleine und große Trommeln sowie Tom Toms, die als zylinderförmige Körper angesehen werden können. Beachte 1 Zoll ≈ 25,4 mm.
Die gängigen Größen für den Durchmesser sind:

Bauart	Durchmesser
Große Trommel	22 Zoll (16 bis 30 Zoll)
Kleine Trommel	14 Zoll (8 bis 16 Zoll)
Tom Tom	10, 12 und 14 oder 12, 13 und 16 Zoll (6 bis 18 Zoll)

a) Ermittle durch Berechnung, welche Bauart auf dem rechten Bild fotografiert wurde.

b) Ergänze fehlende Werte für eine kleine Trommel.

Durchmesser	Höhe	Volumen	Fläche des Spannfelles
14 Zoll	20 cm		
	2,5 dm		1 013 cm^2
15 Zoll		20,5 ℓ	

6.10 Berechnungen an zusammengesetzten Körpern

25.

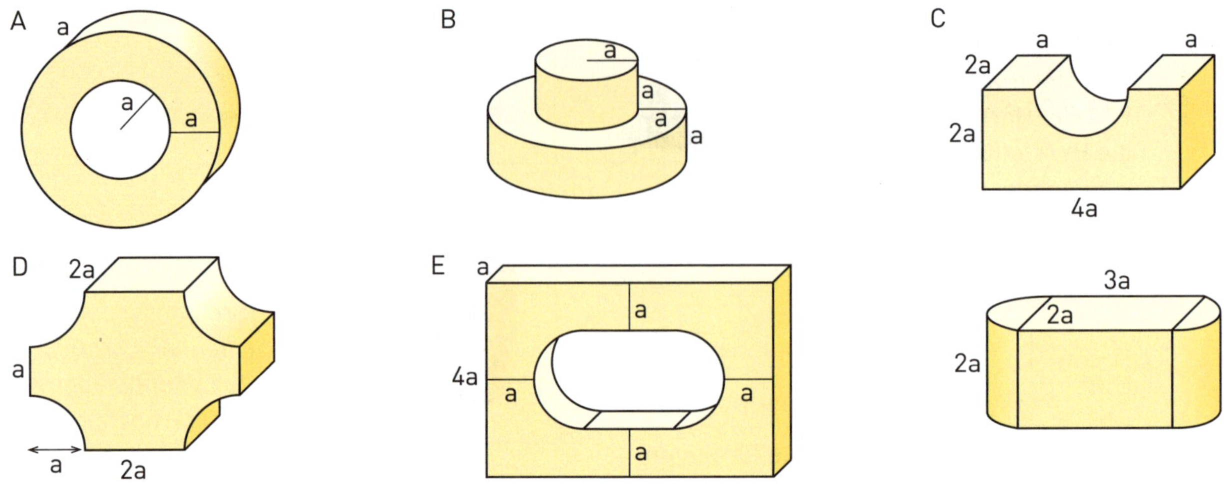

a) Schätze, welcher der abgebildeten Körper das größte, welcher das kleinste Volumen hat.

größtes Volumen:

kleinstes Volumen:

b) Ordne nun jedem Körper sein Volumen zu, indem du die Buchstaben an die entsprechenden Stellen in der Tabelle einträgst. Überprüfe dann deine Schätzung.

Volumen	$15\,\pi a^3$	$(2\pi + 12)a^3$	$(24 - 2\pi)a^3$	$3\pi a^3$	$(16 - \pi)a^3$	$(20 - \pi)a^3$
Körper						

c) Schätze nun, welcher der sechs Körper die kleinste, welcher die größte Oberfläche hat.

größte Oberfläche:

kleinste Oberfläche:

d) Wähle für die hier angegebenen Flächeninhalte unterschiedliche Farben. Zu jedem der angegebenen Flächeninhalte findest du mindestens zwei Teilflächen auf den Oberflächen der abgebildeten Körper. Male sie in der entsprechenden Farbe an.

πa^2	$2\pi a^2$	$3\pi a^2$	$4\pi a^2$	$2a^2$	$4a^2$	$6a^2$

e) Ordne nun jedem Körper seinen Oberflächeninhalt zu, indem du die Buchstaben an die entsprechenden Stellen in der Tabelle einträgst. Überprüfe dann deine Schätzung.

Volumen	$(36 + \pi)a^2$	$14\pi a^2$	$(32 + 2\pi)a^2$	$12\pi a^2$	$64a^2$	$(24 + 6\pi)a^2$
Körper						